将来的你，一定会感谢现在拼命的自己。

圣铎　编著

要么出众，要么出局

吉林出版集团股份有限公司

图书在版编目（CIP）数据

　　要么出众，要么出局 / 圣铎编著 . -- 长春：吉林

出版集团股份有限公司 , 2018.9

　　ISBN 978–7–5581–5790–5

　　Ⅰ . ①要… Ⅱ . ①圣… Ⅲ . ①人生哲学 – 通俗读物

Ⅳ . ① B821–49

　　中国版本图书馆 CIP 数据核字（2018）第 221378 号

YAOME CHUZHONG，YAOME CHUJU

要么出众，要么出局

编　　著：圣　铎

出版策划：孙　昶

责任编辑：刘　洋

装帧设计：韩立强

插图绘制：戴金旺

出　　版：吉林出版集团股份有限公司

　　　　　（长春市福祉大路 5788 号，邮政编码：130118）

发　　行：吉林出版集团译文图书经营有限公司

　　　　　（http://shop34896900.taobao.com）

电　　话：总编办 0431–81629909　营销部 0431–81629880 / 81629900

印　　刷：天津海德伟业印务有限公司

开　　本：880mm × 1230mm　　1 /32

印　　张：6

字　　数：130 千字

版　　次：2018 年 9 月第 1 版

印　　次：2021 年 5 月第 3 次印刷

书　　号：ISBN 978–7–5581–5790–5

定　　价：32.00 元

印装错误请与承印厂联系　　电话：022–82638777

前言

　　哈佛大学曾做过一项长达 25 年的跟踪调查。调查的对象是一群智力、学历、环境等条件差不多的年轻人。结果显示，3% 的人 25 年后成了社会各界的顶尖成功人士，他们中不乏白手创业者、行业领袖、社会精英。10% 的人大都在社会的中上层，成为各行各业不可或缺的专业人士，如医生、律师、工程师、高级主管，等等。而几乎 60% 的人在社会的中下层，他们能安稳地工作，但没有什么特别的成绩。剩下几乎 27% 的人处在社会的最底层。他们都过得不如意，常常失业，靠社会救济，并且常常抱怨他人、抱怨社会、抱怨世界。从离开校园到职场人生，25 年也许只是弹指一挥间。然而，25 年过去，当同窗好友再一次相聚时，在人生的地平线上，一个无可回避的现实是：昔日朝夕相处、平起平坐的同学，有了明显的"社会价值等级"。造成这种等级区分的，当然有机遇以及与之相对应的环境，但是，最重要的因素却在于，每个人在迈出校园的起跑线上是否找对了自己的人生方向，是否懂得努力拼搏，在最重要的方面积累自己的成功资本。那些最终成功的出众者必将感谢当初努力拼搏的自己，而那些出局的失败者也必将讨厌当初随波逐流、得过且过的自己。

　　有位哲人说过，一个人从 1 岁活到 80 岁很平凡，但如果从 80 岁倒着活，那么一半以上的人都将是伟人。但人生如棋，落子无悔。人生的道路虽然漫长，但关键处常常只有几步，我们不能什么事情都等到过后才后悔，不能什么道理都等到事后才明白。有些事情，如果在我们年轻的时候就去做；有些道理，如果在我们年轻时期就能参透，那么，在未来的三十几岁、四十几岁以及更长的人生道路上，我们就可以少走一些弯路，少经历一些失败，避开工作和生活中的陷阱及情感的暗礁，早一天实现自己的理想，获得成功和幸福。

　　年轻人刚刚踏入社会，没有经验和阅历，不知道究竟要在哪些方面积累自己的资本，才能更适应社会，更具有竞争力，更高效、快速地获得人生的成功。为此，他们常常感到迷茫困惑，常常在十字路口徘徊，难以抉择。而对于年轻人来说，现在的迷茫，会造成 10 年后的恐慌、20 年后的挣扎，甚至一辈子的平庸。如果不能尽快走出困惑，拨开迷雾，就无颜面对 10 年后、20 年后的自己。越早找到方向，越早走出困惑，就越容易在人生道路上取得成就、创造辉煌。

　　人活一次，要么全力以赴地拼搏，活出耀眼且出众的自己，要么灰溜溜地出局，被迫面对人生的遗憾和后悔。你的未来需要你用双手拼出来，拼出属于你自己的世界，拼出属于你自己的辉煌。"三分天注定，七分靠打拼。"要拼就奋力去拼，给自己一次机会，不要给自己的人生留下遗憾。

目录

第一章　要么出众，要么出局：不过低配的人生

第四章　你要配得上自己所受的苦

第五章　与其讨好全世界，不如强大自己

第八章　你和梦想之间，只差一个行动

第一章

要么出众，要么出局：
不过低配的人生

远大的目标是成功的磁石

理想是人的追求，什么样的理想，将决定你成为什么样的人。

美国哈佛大学对一批大学毕业生进行了一次关于人生目标的调查，结果如下：

27％的人，没有目标；60％的人，目标模糊；10％的人，有清晰而短期的目标；3％的人，有清晰而长远的目标。

25年后，哈佛大学再次对这批学生进行了跟踪调查，结果是：

那3％的人，25年间始终朝着一个目标不断努力，几乎都成为社会各界成功人士、行业领袖和社会精英；10％的人，他们的短期目标不断实现，成为各个领域中的专业人士，大都属于社会中上层；60％的人，他们过着安稳的生活，也有着稳定的工作，却没有什么特别的成绩，几乎都属于社会的中下层；剩下27％的人，生活没有目标，并且还抱怨他人，抱怨社会不给他们机会。

要成功就要设定目标，没有目标是不会成功的。目标就是方向，就是成功的彼岸。

2001年的亚洲首富孙正义，23岁那一年得了肝病，在医院住院期间，他读了4000本书，每年读2000本书。他大量地阅读，努力地学习。

在出院之后，他写了40种行业规划，但最后选择了软件业。事实证明，他的选择是对的，软件行业使他成了亚洲首富。

选好行业之后，他开始创业。创业初期，条件艰苦，他的办公桌是用苹果箱拼凑而成的。他招聘了两名员工。有一次，他和两名员工一起分享他的梦想，他说："我25年后要赚100兆日币，成为亚洲首富。"这是孙正义的梦想，但在两名员工看来却是件不可思议的事情。他们对孙正义说："老板，请允许我们辞职，因为我们不想和一个疯子一起工作。"

事实上，孙正义的梦想实现了，他成了亚洲首富。

志当存高远，是我国三国时期的著名政治家和军事家诸葛亮的一句名言。诸葛亮在青年时代就具有远大的志向，在未出茅庐时便自比管仲、乐毅，想干一番大事业。远大的志向加上良好的机遇，使他成就了一番伟业。

做高尚的梦，并且飞向你的梦想。你的梦想预示着未来你会

追梦

成为什么样。你的梦想是未来的预兆。只要你对自己诚实，对自己的梦想诚实，最终你梦想的世界就会变成现实。

你的环境也许并不舒适，但只要你怀有梦想，并为实现它而奋斗，那么，你的环境会很快改变。詹姆斯·E.艾伦说过，最伟大的成就在最初的时候是一个梦。橡树沉睡在果壳里，小鸟在蛋里等待，在一个灵魂最美丽的梦想里，一个慢慢苏醒的天使开始行动。梦想，是现实的情侣。

谚语云：如果你只想种植几天，就种花；如果你只想种植几年，就种树；如果你想流传千秋万世，就种植观念！

一位美国的心理学家发现，在为老年人开办的疗养院里，有一种现象非常有趣：每当节假日或一些特殊的日子，像结婚周年纪念日、生日等来临的时候，死亡率就会降低。老年人中有许多人为自己立下一个目标：要再多过一个圣诞节、一个纪念日、一个国庆日，等等。等这些日子一过，心中的目标、愿望已经实现，继续活下去的意志就变得薄弱了，死亡率便立刻升高。生命是可贵的，只有在它还有一些价值的时候去做应该做的事，去实现自己的目标，人生才会有意义。

要攀到人生山峰的更高点，当然必须要有实际行动，但是首要的是找到自己的方向和目标。如果没有明确的目标，更高处只是空中楼阁，望不见更不可即。如果我们想要使生活有所改变，首先要设定一个目标。只有设定了目标，人生之旅才会有方向、有进步、有终点、有满足。

让我们为自己找一个梦想，树立一个目标吧，因为人生因梦想而伟大！

> 梦想是所有成就的出发点，很多人之所以失败，就在于他们从来都没有梦想，并且也从来没有踏出他们的第一步。

对成功要有强烈的企图心

你需要一个强有力的渴望，才能让你走上另一级台阶。

史蒂夫·乔布斯以 1300 美元起家，在不到 5 年的时间里，推出的苹果个人电脑席卷了全球。到 1980 年，年仅 25 岁的他已拥有数亿美元的个人资产，成了有史以来最年轻的白手起家的亿万富翁。

他被总统称赞为"美国人心目中的英雄"。有人问他成功的秘诀是什么。他说："我没有什么秘诀，我只是强烈要求自己去做自己想做的事情。"是的，强烈的企图心，让他成为美国人心目中的英雄。

乔布斯 1955 年 2 月 24 日出生于美国旧金山。他小时候淘气、聪明又好动。1961 年，因工作需要，他们全家搬到地处硅

谷的山景镇。从此，乔布斯就生活在这个拥有着世界上最新科学技术与最先进的管理知识的环境里，耳濡目染中，他的性格也表现出硅谷人的特点——敢于创新、富于竞争和冒险精神。

有一天，邻居赖瑞带了一只原始的碳制麦克风回家，安上电池，接上喇叭，就可以发出声音。这可把乔布斯给迷住了，一个劲地向赖瑞问些奇怪的问题。赖瑞不胜其烦，干脆把麦克风送给他，让他自己去仔细研究。此后，乔布斯每天晚上都泡在家中，一点一滴地汲取有关电子的知识。

赖瑞见这个小家伙聪明好学，就推荐他参加惠普公司的"发现者俱乐部"。在这里乔布斯第一次见到了电脑。一见到电脑，乔布斯就迷上它。那天晚上，俱乐部展示了一种新式桌上电脑，让大家玩。乔布斯一边玩，一边想着自己要有这么一台电脑该多好呀！

在一次同学聚会上，乔布斯与比他年长5岁的渥兹尼克认识了。渥兹尼克是学校电子俱乐部的会长，是个天才电子设计师。乔布斯与他一见如故。

乔布斯经渥兹尼克介绍加入了学校电子俱乐部，成了一名"电子迷"。高二时，他利用课余时间到一家名为哈尔德克的电子商店打工。

渥兹尼克工作之余，整天都埋头于设计新型电脑，而乔布斯则更多地在思考如何在电脑上赚点钱。他们有一个共同的愿望，就是拥有一台自己的电脑。就是这个强烈的愿望，使他们推出了物美价廉的个人电脑。

　　这台电脑严格地讲只是装在木箱里的一块电路板，但有8K储存器，能显示高分辨率图形。虽然简单，却相当诱惑人，俱乐部成员纷纷提出要订购这种电脑。

　　1974年4月1日愚人节，乔布斯、渥兹尼克等人签署了一份协议，共同创办一家电脑公司。为了纪念乔布斯当年在苹果园打工的历史，公司取名苹果（Apple），标志是一个被咬了一口的苹果，因为"咬"（Bite）与"字节"（Byte）同音。他们生产的第一款电脑也就命名为"苹果1"（Apple1）。

　　强烈的企图心，成就了一位电脑巨子，世界超级富豪。

　　我们要有对成功的强烈渴望，要有"我一定要成功"的信念，而不是"我想成功"。企图心是一种一定要得到的心态，是一定要的决心。只要我们下定决心，并且为这个决心负责，为这个决心全力以赴，成功离我们就很近了。

　　梦想和现实之间，总有那么一段距离。如果总希望一觉醒来就能梦想成真，这无异于白日做梦。把梦想变成现实，就要从现在开始确定一个目标，有成功的强烈愿望，并靠坚定的信念去拼搏，这样才可能成为生活的幸运儿。

　　三百六十行，行行出状元。不管你以后要从事哪一行的工作，都要努力成为行业里出类拔萃的人。如果一个人对成功有强烈的企图心，想不成功都很难！

记住：目标＋行动＋企图心＝成功。

我们要有对成功的强烈渴望，要有"我一定要成功"的信念，而不是"我想成功"。企图心是一种一定要得到的心态，是一定要的决心。只要我们下定决心，并且为这个决心负责，为这个决心全力以赴，成功离我们就很近了。

永远坐在最前排，锻造一颗积极进取的心

20 世纪 30 年代，在英国一个不出名的小镇里，有一个叫玛格丽特的小姑娘，她自小就受到严格的家庭教育。父亲经常对她说："孩子，永远都要坐前排。"父亲极力向她灌输这样的观念：无论做什么事情都要力争一流，永远走在别人前头，而不能落后于人。"即使是坐公共汽车，你也要永远坐在前排。"父亲从来不允许她说"我不能"或者"太难了"之类的话。

对年幼的孩子来说，他的要求可能太高了，但他的教育在未来被证明是非常宝贵的。正是因为从小就受到父亲的"残酷"

教育，才培养了玛格丽特积极向上的人生态度。在以后的学习、生活和工作中，她时时牢记父亲的教导，总是抱着一往无前的精神和必胜的信念，尽自己最大的努力克服一切困难，做好每一件事情，事事力争一流，以自己的行动实践着"永远都要坐在前排"。

玛格丽特在学校永远是最勤恳的学生，是学生中的佼佼者。她以出类拔萃的成绩顺利地升入当时像她那样出身的学生绝少能进入的文法中学。

在玛格丽特满 17 岁的时候，她明确了自己的人生追求——从政。然而，那个时候，进入英国政坛要有一定的党派背景。她出身保守党派氛围的家庭，但要想从政，还必须要有正式的保守党关系，而当时的牛津大学就是保守党员最大的俱乐部所在地。由于她从小受化学老师的影响很大，同时想到大学学习化学专业的女孩子比其他任何学科都少得多，如果选择某个文科专业，那竞争就会很激烈。

于是，有一天，她终于勇敢地走进校长吉利斯小姐的办公室说："校长，我想现在就去考牛津大学的萨默维尔学院。"

女校长难以置信，说："什么？你是不是欠考虑？你现在连一节拉丁语课都没学过，怎么去考牛津？"

"拉丁语我可以自学掌握！"

"你才 17 岁，而且你还有一年才能毕业，你必须毕业后再考虑这件事。"

"我可以申请跳级！"

"绝对不可能，而且，我也不会同意。"

"你在阻挠我的理想！"玛格丽特头也不回地冲出校长办公室。

回家后她取得了父亲的支持，开始了艰苦的复习备考工作。这样在她提前几个月得到了学校高年级的合格证书后，就参加了大学考试并如愿以偿地收到了牛津大学萨默维尔学院的入学通知书。玛格丽特离开家乡来到了牛津大学。

学校要求学 5 年的拉丁文课程。她凭着自己顽强的毅力和拼搏精神，硬是在 1 年内全部学完了，并取得了相当优异的考试成绩。其实，玛格丽特不光是学业上出类拔萃，她在体育、音乐、演讲及其他活动方面也都表现得很出色。所以，她的校长这样评价她："她无疑是我们建校以来最优秀的学生之一，她总是雄心勃勃，每件事情都做得很出色。"

40 多年以后，这个当年对人生理想孜孜以求的姑娘终于如愿以偿，成为英国乃至整个欧洲政坛上一颗耀眼的明星，她就是连续 4 年当选保守党党魁，并于 1979 年成为英国第一位女首相，雄踞政坛长达 11 年之久，被世界政坛誉为"铁娘子"的玛格丽特·撒切尔夫人。

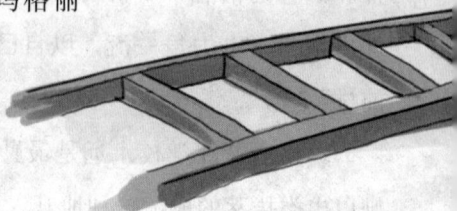

坚定的信念

人生就是一场战斗，想要快速通关就要奋力冲在最前线。

"永远坐在前排"，不仅可以激励我们追求成功的愿望，更重要的是，它还可以培养我们追求成功的信心和勇气。

> **青春加油站**
>
> "永远坐在前排"，不仅可以激励我们追求成功的愿望，更重要的是，它还可以培养我们追求成功的信心和勇气。

信念是幸福人生的航道

唐代的百丈禅师，曾制定《百丈清规》，并笃实奉行，"一日不作，一日不食"，一面修行，一面劳作。他年老时仍然照常劳作，弟子们于心不忍，偷偷地把他的农作工具藏匿起来。禅师找不到工具，那一天没劳作，于是那一天他就真的没吃东西。百丈禅师为何能精勤不休？是因为他的信念和抱负鞭策着他。

清末时，梨园中有"三怪"，声名远播。

跛子孟鸿寿，幼年身患软骨病，身长腿短，头大脚小，走起路来不能保持身体平衡。于是，他暗下决心，勤学苦练，扬长避短，后来一举成为丑角大师。

盲人双阔，自小学戏，后来因疾失明，从此他更加勤奋学习，苦练基本功，他在台下走路时需人搀扶，可是上台表演却寸步不乱，演技超群，终于成为一名功深艺湛的武生。

王益芬，先天不会说话，平日看父母演戏，一一默记在心，虽无人教授，但他每天起早贪黑练功，常年不懈。学有所成后，一鸣惊人，成为戏园里有名的武花脸，被戏班奉为导师。

身有残疾的梨园三怪，为什么能够成才呢？一是他们不被自己的缺陷所压服，身残的压力让他们更加坚定了人生的信念。看似失败的人生，实际还有通向成功的途径。他们身残志坚、扬长避短，再加上勤奋，于是他们从勤奋中锻造了最好的自己，同时也成就了一番事业。

青春
加油站

抱着坚定的信念，铁树也有可能开花。信念，为幸福人生指明了航道。

智者不打无准备之仗，不为明天做准备的人永远不会有未来。

命运女神只垂青于执着地相信自己的人

一位经验丰富的农夫在自己的田里种黄豆，由于天气干旱和地鼠为患，他把种子埋得很深。

过了几天，农夫带着年仅 6 岁的儿子去查看，翻开土壤，他们发现很多种子都长出了长茎，顶上是两瓣黄黄的嫩芽，这柔弱的生命正在土壤的空隙中七弯八拐地往上生长着，很快将要破土而出。

儿子惊讶地问："小苗长眼睛了吗？"

"没有。"

"那它怎么都知道要往上生长，而不往下长呢？"

"因为它要寻找太阳，没有阳光它们最终会死的。"

儿子又问农夫："那么，如果我要是没有阳光会死吗？"

农夫告诉儿子："孩子，你放心，对生活和自己有信心，就不会没有阳光的。"

如同种子一样，我们每一个人也应坚信：幸福的阳光就在自己的头顶上。

我们每个人都有约 140 亿个脑细胞，每个人只利用了其中的极小部分，若与人的潜力相比，我们只是半醒状态。正如美国诗人惠特曼的诗中所说：

我，我要比我想象的更大、更美

在我的，在我的体内

我竟不知道包含这么多美丽

这么多动人之处……

人是万物的灵长，是宇宙的主宰，我们每个人都具有发扬生命的本能。为"生命本能"效力的就是人体内的创造机能，它能创造人间的奇迹，也能创造一个最好的你。

一个人相信自己是什么，就会是什么。一个人心里怎样想，就会成为怎样的人。你相信自己是个强者，你就可能是个强者，我们每个人心里都有一幅"心理蓝图"或一幅自画像，有人称它为"自我心像"。自我心像有如电脑程序，直接影响它的运作结果。如果你的心想象的是做最好的你，那么你就会在内心的"荧光屏"上看到一个踌躇满志、不断进取的自我。同时，还会经常收听到"我做得很好，我以后还会做得更好"之类的信息，这样你注定会成为一个最好的你。

青春加油站 | 相信自己，创造最好的"我"，幸福、成功将悄然而至。

拥有希望，就拥有创造奇迹的力量

美国作家欧·亨利在他的小说《最后一片叶子》里讲了一个故事：

病房里，一个生命垂危的病人从房间里看见窗外一棵树上的叶子，在秋风中一片片地掉落下来。病人望着眼前的萧萧落叶，身体也随之每况愈下，一天不如一天。她说："当树叶全部掉光时，我也就要死了。"一位老画家得知后，用彩笔画了一片叶脉青翠的树叶挂在树枝上。最后一片叶子始终没掉下来。

只因为生命中的这片绿，病人竟奇迹般地活了下来。

人生可以失去很多东西，却绝不能失去希望。只要心存希望，总有奇迹发生，希望虽然渺茫，但它永存人间。所以，当你遇到困境的时候，你一定要相信你自己，给自己希望，才能柳暗花明，走出困境。

一个俄国心理学家做过一个试验：将两只大白鼠丢入一个装了水的器皿中，它们拼命地挣扎求生，结果只活了8分钟左右。然后，在同样的器皿中放入另外两只大白鼠，在它们挣扎了5分钟左右的时候，放入一个可以让它们爬出器皿外的跳板，这两只大白鼠得以活下来。若干天以后，再将这对大难不死的大白鼠放入器皿中，结果真的有些令人吃惊：两只大白鼠竟然可以坚持 24 分钟，坚持的时间是正常情况下的三倍。

这位俄国的心理学家总结说，前面两只大白鼠，没有任何逃生经验，只能凭自己本来的体力挣扎求生；而有逃生经验的大白鼠却多了一种精神的力量，它们相信在某一个时候，一个跳板会救它们出去，这使得它们能够坚持更长的时间。这种精神力量，就是希望。

那个试验还没有完。有人想着那两只大白鼠，总觉得不是滋味，就略带反感地对那位心理学家说："有希望又怎么样，那两只大白鼠最后还不是死了。"心理学家出人意料地回答说："没有死，在第 24 分钟时，我看它们实在不行了，就把它们捞上来了。有积极心态的大白鼠更有价值，更值得活下去；我们人类应该尊重一切希望，哪怕是一只大白鼠内心的希望。"

这个实验虽然残酷了一点，但给人很大的教益。我们不必做那样的试验就可以知道，在艰难困苦之中，心中有希望和心中没有希望，对我们的行为会有完全不同的影响，结果当然也就完全不一样了。大白鼠的希望，是人给它们的；而我们人类自己，在任何时候、任何地点、任何困难的情况下，都能够自己给自己希望。希望是一种伟大的力量。在很多情况下，希望的力量比知识的力量更强大。因为只有在有希望的前提下，知识才能被更好地利用。所以，一个人，即使他一无所有，只要他有希望，他就可能拥有一切；而一个人即使拥有一切，心中没有希望，那就可能丧失他已经拥有的一切。

漫漫人生，难免会遇到荆棘和坎坷，但风雨过后，一定会有美丽的彩虹。所以，你在任何时候都要抱有乐观的心态，都不要丧失希望。要知道，失败不是生活的全部，挫折只是人生的插曲。虽然机遇总是飘忽不定，但只要你坚持，保持乐观，你就能永远拥有希望。即使一生不如意，但有希望相伴也是幸福的。

青春
加油站

有时候，创造奇迹的不是巨人，而是心中埋藏的希望。

第二章

青春就是拼了命，尽了兴……

等来的是命运，拼出的才是人生

决心取得成功比任何事情都重要

下决心是一种运用能力的过程，是一个人综合素质的折射。一个人能否成功，很大程度上取决于自己的决心。抓住机遇，下定决心，离成功也就不远；优柔寡断，踌躇不决则会错过良机，与成功失之交臂。

按照弗洛伊德的理论，人生来就有"做伟人"的欲望。人为成功而来，也为成功而活。但"想成功"与"要成功"却是有着天壤之别的。所以，在生活中很多人都在说："我很想成功！"但却没有看到他们真正地下决心。要知道，成功不是喊出来的，也不是写出来的，成功是下决心做出来的！

很多想成功的人，对成功只是存有一种向往或一种侥幸心理。他们的目标要么游移不定，要么好高骛远，不着边际，因而很难整合现有资源，很难有计划和方法；要么迟迟不动，要么行动不坚决、不彻底、不持久，一遇到挫折，立即为自己找个借口，下台了事。

世界顶级的推销员与培训大师汤姆·霍普金斯曾告诉他的学员们说："成功有三个最重要的秘诀，第一个就是下定决心；第二个也是下定决心；第三个当然还是下定决心。"

这是霍普金斯成功的经验，因为就在他刚刚进入推销行业的

要么出众，要么出局

时候，他常常因为害怕敲别人家的门，或跟陌生人谈论产品时被拒绝，故而业绩一直无法增长。直到有一天，他上了一堂课，在课堂上老师告诉他："下一次还有一堂课非常棒，那个课程可以帮助我们激发所有的潜能，让你能够成为顶尖人物。"

霍普金斯说："我很想听下堂课，但我没有钱，等我存够了钱再上。"这时候老师却对他说："你到底是想成功，还是一定要成功？"他回答说："我一定要成功。"老师又问："假如你一定要成功的话，请问你会怎么处理这个事情？"于是霍普金斯回答："我会立刻借钱来上课。"

课后，霍普金斯发现了自己一直业绩平平的原因，是自己从来没有真正地下过决心。于是在下一次推销之前，他从公司里找了一位同事并和他一起下楼，他对同事说："你看着，假如我无法向对面那个陌生人推销产品的话，我走过马路就被车撞死。"

他说完这句话的时候，脑海里一片空白，根本不知道他即将如何推销。但他还是硬着头皮走过去，开始与陌生人交谈，他使出了浑身解数向那位陌生人推销产品，经过 20 分钟的卖力推销，他终于卖出了产品！

后来，霍普金斯在分析他的人生是怎么改变的时候，发现答案只有四个字，那就是"下定决心"。

莎士比亚说："我记得，当恺撒说'做这个'的时候，就意味着事情已经做了。"

所以，人生从你下定决心的那一刻就已经开始改变，你所作出的任何一个决定都决定着你的人生。

要成功的人才是真正在成功之前下过坚定决心的人。下定决心，不仅能体现一个人果决的勇气、决断时的自信、坚定不移的志气，更会锻造出自己的魅力，从而赢得他人的信任。

坚定的信念能够产生惊人的效果

信念是欲望人格化的结果，是一种精神境界的目标。信念一旦确定，就会形成一种成就某事或达到某种预期的巨大渴望，这种渴望所激发出来的能量，往往会超出我们的想象。由信念之火所点燃的生命之灯是光彩夺目的。

信念不但能够唤起一个人的信心，更能够延续一个人的信心，它既是信心的开始，也是信心的归宿。但是，信心时常有，信念却不常有，所以成功的人总是少数。随大流的人，把握不住自己的人、看不清形势的人，是不会成功的。急功近利的人、浮躁的人，也是不会成功的。

著名的黑人领袖马丁·路德·金说过："这个世界上，没有人

要么出众，要么出局

能够使你倒下，如果你自己的信念还站立着的话。"所以，信念的力量，在于使身处逆境的你，扬起前进的风帆；信念的伟大，在于即使遭受不幸，亦能召唤你鼓起生活的勇气；信念的价值，在于支撑人对美好事物一如既往地孜孜以求。

当然，如果一个人选择了错误的信念，那必将是对生命致命的打击，起码也会让人变得平庸。错误的信念会夺去你的能量和你的未来。曾有研究者做过这样一个实验：他们把善于攻击鲦鱼的梭鱼放在一个玻璃罩里，然后把这个玻璃罩放进一个养着鲦鱼的水箱中。罩里的梭鱼看到鲦鱼后，立刻发动了几次攻击，结果它敏感的鼻子狠狠地撞到了玻璃壁上。几次惨痛的尝试之后，梭鱼最终放弃，并完全忽视了鲦鱼的存在。当玻璃罩被拿走后，鲦鱼们可以自由自在地在水中四处游荡，即使它们游过梭鱼鼻子底下的时候，梭鱼也继续忽视它们。由于一个建立在错误信念基础之上的死结，这条梭鱼终因不顾周围丰富的食物而把自己饿死了。在现实生活中，又有多少错误的信念成了束缚我们的玻璃罩呢？

人生是一连串选择的结果，而选择一个正确的信念，会成就我们的一生。弥尔顿说过："心灵是自我做主的地

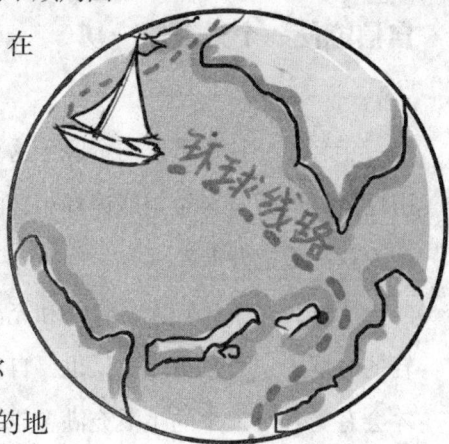

方。在心灵中，天堂可以变成地狱，地狱也可以变成天堂。"人们的生活由自己选择，而幸福抑或悲哀，全在于心灵的阴晴。强者的天总是蓝的，因为他们坚信乌云终将被驱散；弱者的眼里总是风霜雨雪，充满无奈、无望、无尽的悲哀与叹息。人生的变数很多，然而，不管外界多么不易把握，只要心中升腾着信念的火焰，艰难险阻就都将不复存在。

青春
加油站

> 信念，是立身的法宝，是托起人生大厦的坚强支柱；信念，是成功的起点，是保证人追求目标成功的内在驱动力。信念，是一团蕴藏在心中的永不熄灭的火焰，是一条生命涌动不息的希望长河。

自信能使一个人征服一切

年轻是一种很重要的资源，这种资源专属于青年人。自信能引爆年轻的力量，希望能诠释年轻的真意。充满自信与希望，每个人就都能把握未来。

所以，对于年轻人，自信和充满希望是必要的，一个人在年轻的时候，宁可自负一点，也要自信一点。只有学会自信，我们才会有勇气对未来的生活充满希望和憧憬，也只有这样，人生才会丰富而充满激情。

年轻人要用足够的时间去做自己想做的事情，要用足够的精力与自信去实现自己的目标和希望。这就是年轻人的"特权"，把握住这种独特的优势，不灰心，不退却，前途必然无比明亮。

希望必然是由自信所带来，所以年轻人学会自信是首要的事情。

一些年轻人之所以缺乏自信，甚至自卑，就在于对自己有过高的、不切实际的期望。有了愿望却总是无法实现，有了目标却总是达不到，这样就会一次次地受打击，甚至迁怒于别人，怨恨社会。事实上，只要他们降低期望，把目标定得切合实际，多几次成功，就能够将心态纠正过来。

自信在于准备充分。心里没底，当然难以积聚信心。准备包括情况的了解、知识的积累、信息的收集，以及必要的计划、物质等。但是，高明的领导者往往在情景不明朗、准备不充分的情况下也能够积聚信心，积聚力量，并表现得信心十足，充分地感染下级，让大家同心协力，共渡难关，突破瓶颈。

生活是个两面体，站在一个视点我们可以看到它的阴暗面，站在另外一个视点上，又能看到它的积极向上的灿烂的一面。我们应该学会绕开陷阱，把握生活朝阳的一面，对自己充满信心，对前途充满希望。

一个年轻人跟一位非常有名的画师学绘画，学了几年之后，画师建议他举办一次个人画展。为了虚心向观众求教，他在一幅自认为较好的画的旁边放了一支笔和一张纸条，上曰：如果您认为此画有败笔之处，请在上面做标记。结果画展第一天就有很多人在上面做了无数个标记。年轻人看了，认为自己根本就不是绘画的料，他大为泄气，自信心受到极大打击，不想再继续做下去。画师看到他这个样子，哈哈大笑。

第二天，画师让年轻人准备一幅水准一般的作品挂在展览室内，在作品的旁边仍放着一支笔和一张纸条，不过这次纸条的内容跟上一次不一样：如果您觉得此幅作品有精妙之处，请

做上标记。到了晚上，年轻人惊奇地发现，他的这幅画上被做上了密密麻麻的标记，他兴奋不已，原来自己的画还是蛮受欢迎的嘛。

这个故事说明了这样一个道理：当你身处逆境而感到灰心泄气的时候，请记住这样一句话：我还年轻，我有自信，有希望——这是我的权利！

青春加油站 | 自信是一个人取得成功的前提条件，一个没有自信的人，不可能完成任何事情。希望必然是由自信所带来，所以年轻人学会自信是首要的事情。

保持平常心，坦然面对生活

一种事物之所以能够存在，源于客观对它的需求，因此它的出现从某种意义上说就是合理的。只要认同这种合理，即是对自己的接受以及对周围的人和事物的认同。这是一种豁达的心态。

认同自己，这是一个肯定自己存在价值的过程，它所表现出来的不仅仅是一个人的自信，更是一个人坚强不屈的毅力和斗志的体现。而认同别人及世间的一切事物，无疑是承认了事物的多样性，只要承认了这种多样性，我们就会保持一种开放的心态。承认事物的多样性以及合理性，反过来又能使人们坚信自己存在的必要性，坚持一种"天生我才必有用"的价值观念，从而为自己去赢得一个靓丽的人生，也会为社会做出自己应有的贡献。

懂得认同，承认事物的合理性，首先体现出来的是一种包容万物的博大胸怀，而拥有博大胸怀是人生取得成功的一个重要前提。我们常看到现实中有许多人习惯抱怨社会不公，认为许多事情不合理，其实大可不必，世界上是不会有绝对的公平的。所以，当我们看到了一些自己难以理解或接受的丑恶现象时，我们首先就是要去面对它，因为这是我们革除这种丑恶的前提。

黑格尔给我们提供了一种深刻认识世界的辩证法，也即道家所讲的"阴在阳之内，不在阳之对"的道理。所以，一个人如想要做到大善，心中必先要容得下大恶；一个人如果想要获得别人的赞誉，首先也必须能够承受别人的讥毁；一个人想要获得大成功，也必须能够承受大失败。古今中外成大事者，莫不如此。

承认一切事物的合理性，还能够让我们在看待事物与处理问题时保持一个平静客观的心态，并能够让我们坦然地面对生活。以一种大胸怀去看待一切事物及现象，就不至于让我们对生活产生偏激或片面的看法，也能够让我们在分析和处理问题时，以平和的心态找出现象的前因后果，从而妥善有效地解决问题。更重要的是，这种大胸怀可以让我们时刻保持一颗平常心，坦然面对人生的雨疏风骤、云卷云舒。

当然，需要指出的是，承认一切事物及现象存在的合理性，并不是要我们去麻木或冷漠地接受一切事物。承认一切事物及现象存在的合理性，也并不等于让我们在一切事情面前都要无所作为。在我们认识了事物发展的趋势和规律后，我们可以更好地对其加以把握。坦然面对生活，我们才不会为挫折和非难徒生许多烦恼与哀怨，才会以积极乐观的精神状态去迎接生活中所遇到的一切，从而做最好的自己，不留下遗憾。

青春
加油站

当我们看到了一些自己难以理解或接受的丑恶现象时，我们首先就是要去面对它，因为这是我们革除这种丑恶的前提。

当上帝关上了一扇门，还会为你开一扇窗

1967 年夏天，美国跳水运动员乔妮·埃里克森在一次跳水事故中身负重伤，导致全身瘫痪，只有脖子以上能动。

乔妮哭了，她躺在病床上辗转反侧。她怎么也摆脱不了那场噩梦，为什么跳板会滑？为什么她会恰好在那时跳下？不论家里人怎样劝慰她、亲戚朋友们如何安慰她，她总认为命运对她实在

不公。

出院后，她让家人把她推到跳水池旁。她注视着那蓝莹莹的水波，仰望那高高的跳台。她，再也不能站在那洁白的跳板上了，那蓝莹莹的水波再也不会溅起朵朵美丽的水花拥抱她了，她掩面哭了起来。从此她被迫结束了自己的跳水生涯，离开了那条通向跳水冠军领奖台的路。

她曾经绝望过。但是，她拒绝了死神的召唤，开始冷静思索人生的意义和生命的价值。

她借来许多介绍前人如何成才的书籍，一本一本认真地读了起来。她虽然双目健全，但读书也是很艰难的，只能靠嘴衔根小

要么出众，要么出局

竹片去翻书，劳累、伤痛常常迫使她停下来。休息片刻后，她又坚持读下去。通过大量的阅读，她终于领悟到："我是残了，但许多人残了后，却在另外一条道路上获得了成功，他们有的成了作家，有的创造了盲文，有的创造出美妙的音乐，我为什么不能？"于是，她想到了自己中学时代曾喜欢画画。"我为什么不能在画画上有所成就呢？"这位纤弱的姑娘变得坚强起来，变得自信起来。她捡起了中学时代曾经用过的画笔，用嘴衔着，练习画画。

这是一个多么艰辛的过程啊。用嘴画画，她的家人连听也未曾听说过。

他们怕她不成功而伤心，纷纷劝阻她："乔妮，别那么死心眼了，哪有用嘴画画的，我们会养活你的。"可是，他们的话反而坚定了她学画的决心，"我怎么能让家人养活我一辈子呢？"她更加刻苦了，常常累得头晕目眩，汗水把双眼弄得咸咸的，而且辣痛，有时委屈的泪水把画纸也弄湿了。为了积累素材，她还常常乘车外出，拜访艺术大师。多年过后，她的辛勤努力没有白费，她的一幅风景油画在一次画展上展出后，得到了美术界的好评。

不知为什么，乔妮又想到要学文学。她的家人及朋友们又劝她了："乔妮，你绘画已经很不错了，还学什么文学？那会让你自己更苦的。"她是那么倔强、自信，她没有说话，她想起一家刊物曾向她约稿，要她谈谈自己学绘画的经过和感受，她用了很大力气，可稿子还是没有写成，这件事对她刺激太大了，她深感自己写作水平差，必须一步一个脚印地去学习。

这是一条满是荆棘的路，可是她仿佛看到艺术的桂冠在前面熠熠闪光，等待她去摘取。

是的，这是一个很美的梦，乔妮要圆这个梦。终于，这个美丽的梦成了现实。1976年，她的自传《乔妮》出版了，轰动了文坛，她收到了数以万计的热情洋溢的信。两年后，她的《再前进一步》一书又问世了，该书以作者的亲身经历，告诉残疾人，应该怎样战胜病痛、立志成才。后来，这本书被搬上了银幕，影片的主角由她自己扮演，她成了千千万万个青年自强不息、奋斗不止的榜样。

英国一名叫索斯的传教士说："失败不是气馁的原因，而是新鲜的刺激。"

确实如此，上帝不会把所有的门窗同时关死，它总会留下一线希望、一线生机，等待我们去发现。

青春
加油站

山重水复疑无路，柳暗花明又一村。人生永远没有所谓的绝路，只要你愿意整装出发，总会有路可走。

幸福与否全在于你的心态

有一个人，他生前善良且热心助人，所以在他死后，升入天堂，做了天使。他当了天使后，仍时常到凡间帮助人，希望感受到幸福的味道。

一日，他遇见一个农夫，农夫的样子非常困恼，他向天使诉说："我家的水牛刚死了，没它帮忙犁田，那我怎么下田干活呢？"

于是天使赐他一头健壮的水牛，农夫很高兴，天使在他身上感受到了幸福的味道。

又一日，他遇见一个男人，男人非常沮丧，他向天使诉说："我的钱被骗光了，没盘缠回乡。"

于是天使给他钱做路费，男人很高兴，天使在他身上感受到幸福的味道。

又一日，他遇见一个诗人，诗人年轻、英俊、有才华且富有，妻子貌美而温柔，但他却过得不快活。

天使问他："你不快乐吗？我能帮你吗？"

诗人对天使说："我什么都有，只欠一样东西，你能够给我吗？"

天使回答说："可以。你要什么我都可以给你。"

诗人直直地望着天使："我要的是幸福。"

这下子把天使难倒了，天使想了想，说："我明白了。"

然后把诗人所拥有的都拿走了。

天使拿走诗人的才华，毁去他的容貌，夺去他的财产和他妻子的性命。

天使做完这些事后，便离去了。

一个月后，天使再回到诗人的身边，诗人那时饿得半死，衣衫褴褛地躺在地上挣扎。

于是，天使把他的一切还给他。

然后，又离去了。

半个月后，天使再去看望诗人。

这次，诗人搂着妻子，不住地向天使道谢。

因为，他得到幸福了。

很多人都向往幸福，但是什么是幸福呢？电影《求求你表扬我》的开场白解释得不错：

A："什么叫幸福？"

B："幸福就是——你饿了，看见别人手里有馒头，他就比你幸福；你冷了，看见别人身上穿着厚棉袄，他就比你幸福；你想上茅房，就一个坑，有人蹲那儿了，他就比你幸福……"

A笑了："哈哈……"

B："可笑吗？"

这可笑吗？其实，幸福就是这么简单。

人很奇怪，每每等到失去，才懂得珍惜。其实，幸福就在你的身边。

肚子饿了的时候，有一碗热腾腾的拉面放在你眼前，幸福。

累得半死的时候，扑上软软的床，也是幸福。

哭得厉害的时候，旁边有人温柔地递来一张纸巾，更是幸福。

幸福本没有绝对的定义，平常一些小事往往能撼动你的心。幸福与否，只在于你的心怎么看待。你认为自己贫穷，并且不可改变，那么你的一生都将穷困潦倒；你认为贫穷是可以改变的，一切都会改观，并且努力去改变，那么你的一生将是充实快乐的。

草原上有对狮子母子，它们无忧无虑地生活着。一天，小狮子问母狮子："妈妈，幸福在哪里？"

母狮子笑了笑说："幸福就在你的尾巴上。"

于是，小狮子不断追着尾巴跑，跑了整整一天，累得气喘吁吁，但始终咬不到。

母狮子笑道："傻瓜！幸福不是这样得到的。只要你昂首向前走，幸福就会一直跟随着你！"

美好的东西如果刻意去追求，它总是与你擦肩而过。但是如果你怀有一颗平常心，脚踏实地走好每一步，那么，快乐幸福就在你左右。

青春加油站

任何的痛苦都是自己找的，任何的快乐也是自己找的。幸福与否全在于你的心态。

失去了勇气，就失去了全部

狭路相逢勇者胜。这句话是说，在任何时候，勇气都是必不可少的。人生没有智慧不行，没有勇气也不行。

传说，一个死者来到天堂，天使为他放映他在人间的一生。结果他发现，每当演到那些他缺乏勇气的时刻，画面就会停格中断。停格的画面包括：他年轻时爱上一个女孩子却不敢表白；有一次做错事想对父亲道歉却始终没有说出口；他爱自己的孩子，但很少表达出来。电影放完了，天使告诉他："你几乎是完美的，

要么出众，要么出局

但是你的生命里缺乏勇气，所以我们要让你回到人间，等你学会了爱和勇气后再回到天堂。"

英国前首相温斯顿·丘吉尔说过："勇气很有理由被当作人类德行之首，因为这种德行保证了其余的德行。"有了勇气，就有了战胜一切困难的力量，勇气是想成为一个优秀的人的必备条件。如果没有勇气，就永远只是个纸上谈兵的空想家。

勇气的力量可以改变一个人的人生。有一个人从小就胆小，什么事也不敢做，同学和朋友都嘲笑他。为了让他鼓起勇气，父母让他报了军校。可是在军校里他还是一样胆小，老师看不起他，同学们嘲笑他，经常出他的洋相。一次，他们在手雷实弹投掷训练中，一个爱搞恶作剧的同学拿了一个仿真的手雷，告诉大家要让他出丑。开始训练了，那个同学"不小心"将仿真的手雷扔到了同学中间，大叫小心，同学们也很配合地乱作一团。

那个人也很惊慌，大家本来想看他出丑，可没想到他竟勇敢地扑向手雷，将它压在身下，同学们被震住了。

半晌，他满脸通红，爬了起来，不敢看大家。回过神后，同

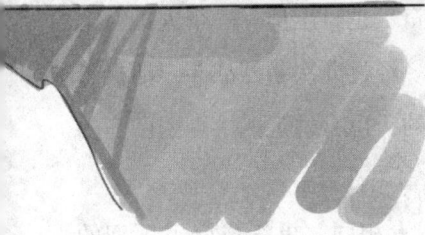

学们都为他的勇气鼓掌。他的一生也从此改变了。他就是美国著名的将领——巴顿将军。

想到的事情经过努力未能做成，不会让人后悔，而很容易做到的事情不去尝试，则会终生遗憾。其实人世间好多事情，只要敢做，多少会有收获。尤其是在困境中，如果能拿出视死如归的勇气，必能化险为夷，任何困难都将迎刃而解。

秦朝末年，天下纷乱，军阀为了不同的利益相互混战，其中，巨鹿之战至今为人们长久传颂。

当时，赵王歇被秦军围困在巨鹿（今河北平乡西南），请求楚怀王救援。而秦军强大，几乎没人敢前去迎战。项羽为报秦军杀父之仇主动请缨，楚怀王封项羽为上将军。

项羽先派部将蒲将军等率领 2 万人做先锋，渡过湾水，切断秦军的运粮通道。然后，项羽率领主力渡河。渡过了河后，项羽命令将士，每人带三天的干粮，把军队里做饭的锅碗全砸了，把渡河的船只全部凿沉，连营帐都烧了，并对将士们说："咱们这次打仗，有进无退，三天之内，一定要把秦兵打退。"

项羽破釜沉舟的决心和勇气，对将士起了很大的鼓舞作用。楚军把秦军包围起来，个个士气振奋，越打越勇。一个人抵得上十个秦兵，十个就可以抵上一百个。经过九次激烈战斗，活捉了秦军首领王离，其他的秦军有被杀的，也有逃走的，围困巨鹿的秦军就这样瓦解了。

可见，多了点勇气，人生便不大相同，勇气成就了项羽的

要么出众，要么出局

威名和霸业。所以可以说，勇气是人生的发动机，勇气能创造奇迹，勇气能战胜一切困难。试想，如果我们事事都能拿出破釜沉舟的勇气和决心，那么世间还有什么困难？！

如果人失去了金钱，那只是一点点；如果人失去了荣誉，那就失去了很多；如果人失去勇气，那他就失去了全部。

青春加油站　　如果人失去了金钱，那只是一点点；如果人失去了荣誉，那就失去了很多；如果人失去勇气，那他就失去了全部。

时刻提醒自己：我只懂一点点

曾经做过宋朝宰相的大文学家王安石，晚年闲居在金陵。他喜欢一个人游览山景，一天，他看到十多个人在山路旁的树下围在一起谈论文学，便走过去坐在旁边的一块石头上静静地听。一个年轻人见他坐了很久，一言不发，就以不屑的语气问道："你懂文学吗？就是词啊、诗啊、赋啊什么的。"

王安石微笑着望着他，没说话。

年轻人以为王安石不懂，又说："不懂文学，何必在这里浪费时间呢？"

王安石淡淡地说:"也算懂吧。我懂一点,只懂一点点。"

那人见他说懂文学,就问:"您能把尊姓大名告诉我吗?"

王安石说:"可以。卑姓王,字介甫,号半山,名安石。"

众人闻听坐在他们面前的这位老人就是名扬四海的王安石,都慌忙站起来,纷纷向他施礼,谦虚地向他请教。

大文学家王安石旁听人们谈论文学,一言不发,回答问题时不卑不亢,表现出一种谦虚的品格。谦虚不会使人失去什么,反而能展示出你的人格魅力。

孔子带着学生到鲁桓公的祠庙里参观的时候,看到了一个可用来装水的器皿形体倾斜地放在祠庙里。

守庙的人告诉他:"这是欹器,是放在座位右边,用来警诫自己,如'座右铭'一般的器皿。"

孔子说:"我听说这种用来装水的

要么出众,要么出局

伴坐的器皿，在没有装水或装水少时就会歪倒；水装得适中，不多不少的时候就会是端正的。里面的水装得过多或装满了，它也会翻倒。"

说着，孔子回过头来对他的学生们说："你们在里面倒水试试看吧！"学生们听后舀来了水，一个个慢慢地向这个可用来装水的器皿里灌水。果然，当水装得适中的时候，这个器皿就端端正正地立在那里。不一会儿，水灌满了，它就翻倒了，里面的水流了出来。再过了一会儿，器皿里的水流尽了，又像原来一样倾斜在那里了。

这时候，孔子便长长地叹了一口气说道："唉！世界上哪会有太满而不倾覆翻倒的事物啊！"欹器装满水就如同骄傲自满的人那样，容易倾倒。因此为人要谦虚谨慎，不要骄傲自满。

法国数学家笛卡尔是一位知识渊博的伟大学者，但他声称学习得越多就越发现自己无知。

一次，有人问这位伟大的数学家："您学问那样广博，竟然感叹自己的无知，是不是太过谦虚了？"

笛卡尔说："哲学家芝诺不是解释过嘛，他画了一个圆圈，圆圈内是已掌握的知识，圆圈外是浩瀚无边的未知世界。知识越多，圆圈越大，圆周自然也越长，这样它的边沿与外界空白的接触面也越大，因此未知部分当然显得就更多了。"

"对，对，您的解释真是绝妙！"问话者连连点头称是，赞同这位数学家的高见。

知道得越多，越觉得自己无知。这种说法正确吗？其实，在聪明人看来，这种说法非常正确。因为人类已经有五千年的文明，个人所掌握的知识，不过是沧海一粟罢了。如果有个人因为自己上知天文下知地理，就敢号称自己无所不知的话，那只会贻笑大方。所以，无论在任何时候，你永远都要清醒地告诉自己：我只懂一点点。

青春
加油站 ｜ 丰收的稻子总是弯腰向着大地，浅薄的稗子才会高傲地望着天空。

学会激励自己，给自己打气

如果一枚普通硬币和一枚价值连城的金币沉在海底的话是一样的。只有将金币打捞上来，并且去使用它，才能显出它们价值的大小。同样的道理，当你学会激励自己发挥潜能时，你才会变得真实而有价值。

很多人不相信自己有能力实现愿望，因而他们也从不激励自己，反而在关键时刻告诉自己："你不行的，还是别做白日梦了""我天生就是如此，再努力也没用了"……这些消极的语言不仅使他们丧失了自信，同时也封住了他们的潜能。成功者往往是那些拥有积极心态并且善于激励自己的人。

卡耐基说过："不能激励自己的人，一定是一个平庸的人，无论他的才能如何出色。"激励是我们生活的驱动力量，它来自于一种希望成功的愿望。没有成功，生活中就没有自豪感，在工作和家庭中也就没有快乐与激情。

激励的作用是强大的，它能说服和推动你去行动。行动就像生火一样，除非你不断给它加燃料，否则就会熄灭。激励就是行动的燃料，源源不断地为你提供行动的能量。时时用对成功的渴望来激励自己，作为新员工，你就会有足够的动力去战胜困难，到达成功的彼岸。激励的力量是无穷的，它让你有勇气和能力面对一切困境，也足以使你彻底改变自己。

有一个名叫亨利·伍德的年轻人，刚做推销员没多久。一天，他对老板说："我不干了！"

"怎么回事？亨利？"老板问道。

"我不是干推销员的料，就这么回事！我总是不成功，我不想再干了。"

出乎意料的是，老板对他说："如果我没看错人，你的确是干推销员的好料子。我向你保证，亨利·伍德。现在你马上离开这里，当你晚上回来的时候，你争取到的订单一定比你这一生中任何一天所争取到的还要多。"

亨利静静地看着老板，但他的眼睛亮了起来，充满了斗志，然后转身离开了老板的办公室。

那天晚上，亨利回来了，脸上充满了胜利的神采，他创下了一生中最佳的纪录——而且以后一直保持。

这个故事告诉我们，学会激励自己，自我期望的程度越大，就会取得越大的成就。你认为自己行，你就一定行。

成功的关键就在于你的心中要一直相信自己，同时要不时地激励自己。成功不属于那些妄自菲薄的人。它偏爱那些相信自己并时刻激励自己前行的人。

（1）可以通过各种信息来鼓励你的身心、振奋你的精神。比如，背诵几句格言，或者阅读一些快乐有趣的小故事。当你周围充满鼓舞人心的事物时，就比较容易在事情发展不顺时继续前进并回到工作中。

（2）当你取得一些成就时，或者有进步时，不妨给自己一点奖励，满足自己的小愿望，以此好好鼓励自己。

（3）将你所处行业的最顶尖的人士的照片贴在办公桌或者床

头，暗暗立下目标：我一定要做得和他一样出色！

（4）不断地告诉自己：我可以做得更好，我可以让这份工作更具意义，那么你就能成为更加完美的员工。

（5）起床后就想象今天是完美快乐的一天的人是幸运的。对于那些并不很乐观的人，只要坚信这一点，那事情就有可能沿着他的情绪发展。这叫"自我暗示"。

青春
加油站

学会激励自己，自我期望的程度越大，就会取得越大的成就。

第三章

谁说这辈子只能这样：跨过去
是远方，跨不过去是苟且

人生没有过不去的坎儿

"没有永久的幸福，也没有永久的不幸"，尽管在生活中，我们每个人都会遇到各种各样的挫折和不幸，而且有的人承受一种磨难，受打击的时间甚至长达几年、十几年，但是让人极度讨厌的厄运也有它的"致命弱点"，那就是它不会持久存在。

人们在遭受了生活的打击之后，总是习惯抱怨自己的命运不好，身边没有能够帮忙的朋友，家世也不好，父母无权无势，等等。其实抱怨并不能解决问题，当遭受挫折的时候，我们一定要相信：厄运不久就会远走，希望就在前面。

在匹兹堡有一个女人，她已经35岁了，过着平静、舒适的中产阶层的家庭生活。但是，她突然连遭重重厄运的打击。丈夫在一次事故中丧生，留下两个小孩。没过多久，一个女儿被烤面包的油脂烫伤了脸，医生告诉她孩子脸上的伤疤可能终生难消，母亲为此伤透了心。她在一家小商店找了份工作，可没过多久，这家商店就倒闭关门了。丈夫给她留下一份小额保险，但是她耽误了最后一次保费的续交期，因此保险公司拒绝支付保费。

发生一连串不幸事件后，女人近乎绝望。她左思右想，为了自救，她决定再做一次努力，尽力拿到保险赔偿。在此之前，她一直与保险公司的普通员工打交道。当她想面见经理时，一位接

要么出众，要么出局

待员告诉她经理出去了。她站在办公室门口无所适从，就在这时，接待员离开了办公桌。机会来了。她毫不犹豫地走进了经理的办公室，看见经理独自一人在那里。经理很有礼貌地问候了她。她受到了鼓励，沉着镇静地讲述了索赔时碰到的难题。经理派人取来她的档案，虽然从法律上讲公司没有承担赔偿的义务，但经理经过再三思索，决定给予赔偿，工作人员按照经理的决定为她办了赔偿手续。

由此引发的好运并没有到此中止。经理尚未结婚，对这个女人一见倾心。他给她打了电话，几星期后，他为女人推荐了一位医生，医生为她的女儿治好了病，脸上的伤疤被修复；经理通过在一家大百货公司工作的朋友给女人介绍了一份工作。不久，经理向她求婚。几个月后，他们结为夫妻，而且婚姻生活相当美满。

这个故事很好地阐释了厄运与好运的意义，厄运不会一直存在于我们的生活里，即使是现在深陷困境，不久之后厄运也会消失。

易卜生说："不因幸运而故步自封，不因厄运而一蹶不振。真正的强者，善于从顺境中找到阴影，从逆境中找到光亮，时时校准自己前进的目标。"

任何时候都不要因厄运而气馁，厄运不会时时伴随你，阴雨之后阳光很快就会来临。

不要把自己禁锢在眼前的苦痛中

世事无常，我们随时都会遇到困难和挫折。遇到生命中突如其来的困难时，你都是怎么对待的呢？不要把自己禁锢在眼前的困苦中，眼光放远一点，当你看得见成功的未来远景时，便能走出困境，达到你梦想的目标。

在断崖上，不知何时长出了一株小小的百合。它刚发芽的时候，长得和野草一模一样，但是，它知道自己并不是一株野草。它的内心深处，有一个念头："我是一株百合，不是一株野草。唯一能证明我是百合的方法，就是开出美丽的花朵。"它努力地吸收水分和阳光，深深地扎根，直直地挺着胸膛，对附近的杂草置之不理。

在野草和蜂蝶的鄙夷下，百合努力地释放自己的能量。百合说："我要开花，是因为知道自己有美丽的花；我要开花，是为了完成作为一株花的庄严使命；我要开花，是由于自己喜欢以花来证明自己的存在。不管你们怎样看我，我都要开花！"

要么出众，要么出局

终于，它开花了。它那带有灵性的洁白和秀挺的风姿，成为断崖上最美丽的风景。年年春天，百合努力地开花、结籽，最后，这里被称为"百合谷地"。因为这里到处是洁白的百合。

我们生活在一个竞争十分激烈的社会，有时在某方面一时落后，有时困难重重，有时失败连连，甚至有时被人嘲笑……无论什么时候，我们都不能放弃努力；无论什么时候，我们都应该像那株百合一样，为自己播下希望的种子。

内心充满希望，它可以为你增添一分勇气和力量，它可以支撑起你一身的傲骨。当莱特兄弟研制飞机的时候，许多人都讥笑他们异想天开，当时甚至有句俗语说："上帝如果有意让人飞，早就使他们长出翅膀了。"但是莱特兄弟毫不理会外界的说法，终于发明了飞机。当伽利略以望远镜观察天体，发现地球绕太阳而行的时候，教皇曾将他下狱，命令他改变主张，但是伽利略依然继续研究，并著书阐明自己的学说，他的研究成果后来终于获得了证实。

伟大的成就，常属于那些在大家都认为不可能的情况下却能坚持到底的人。坚持就是胜利，这是成功的一条秘诀。

暂时的落后一点都不可怕，自卑的心理才是可怕的。人生的不如意、挫折、失败对我们是一种考验，是一种学习，是一种财富。我们要牢记"勤能补拙"，既能正确认识自己的不足，又能放下包袱，以最大的决心和最顽强的毅力克服这些不足，弥补这些缺陷。人的缺陷不是不能改变，而是看你愿不愿意改变。只要下定决心，讲究方法，就可以弥补自己的不足。

在不断前进的人生中，凡是看得见未来的人，也一定能掌握现在，因为明天的方向他已经规划好了，知道自己的人生将走向何方。留住心中的"希望种子"，相信自己会有一个无可限量的未来，心存希望，任何艰难都不会成为我们的阻碍。只要怀抱希望，生命自然会充满激情与活力。

青春加油站

当我们交厄运的时候，当我们面对失败的时候，当我们面对重大灾难的时候，只要我们仍能在自己的生命之杯中盛满希望之水，那么，无论遭遇何种坎坷，我们都能保持快乐的心情，我们的生命才不会枯萎。

不要为了错过太阳而痛苦，美丽的月亮正在升起

生活中，我们往往看到的只是事物的一个侧面，这个侧面让人痛苦，但痛苦却可以转化。蚌因身体嵌入沙粒，伤口的刺激使它不断分泌物质来疗伤，如此，就出现一颗晶莹的珍珠。哪颗珍珠不是由痛苦孕育而成？可见，任何不幸、失败，都有可能成为一种财富。

1900年前，在意大利的庞贝古城里，有一个叫莉蒂雅的卖花女孩。她自幼双目失明，但并不自怨自艾，也没有垂头丧气地把自己关在家里，而是像常人一样靠劳动自食其力。

不久，一场毁灭性的灾难降临到了庞贝城。没有任何预兆，维苏威火山突然爆发，数亿吨的火山灰和灼热的岩浆顷刻间把庞贝城给吞没了。

整座城市被笼罩在浓烟和尘埃中，漆黑如无星的午夜。惊慌失措的居民跌来碰去寻找出路，却无法找到。许多人来不及逃脱，被活活埋葬；有些人设法躲入地窖，但因熔岩和火山灰层的覆盖而窒息，也没有幸免，城中20000多居民大部分逃到了别处，但仍有2000多人遇难。由于盲女莉蒂雅这些年走街串巷地卖花，她的不幸这时反而成了她的大幸。她靠着自己的触觉和听觉找到了出路，而且还救了许多人。

生活中谁都难免遭遇挫折，只要你树立信心，继续努力，生活中，肯定会有"柳暗花明又一村"的新景象。

西娅在维伦公司担任高级主管，待遇优厚。很长一段时间，她都为到底去什么地方度假而烦恼。但是情况很快就变得糟糕起来。为了应对激烈的竞争，公司开始裁员，而西娅则是被裁掉的一员。那一年，她43岁。

"我在学校一直表现不错！"她对好友墨菲说，"但没有哪一项特别突出。后来，我开始从事市场销售。在30岁的时候，我加入了那家大公司，担任高级主管。"

"我以为一切都会很好，但在43岁的时候，我失业了。那感觉就像有人给了我鼻子一拳。"她接着说，"简直糟糕透了。"西娅似乎又回到了那段灰暗的日子，语气也沉重了许多。但是，不久她凭借自己的优势找到了工作，两年后，她已经拥有了自己的咨询公司。

"被裁员是一件糟糕的事情，但那绝对不是地狱。也许，对你自己来说，可能还是一个改变命运的机会，比如现在的我。重要的是如何看待，我记得那句名言，世界上没有失败，只有暂时的不成功。"西娅真诚地对墨菲说。

在人的一生中，每个人都不能保证事业上能够一帆风顺。很多人刚刚步入社会，自身的经验、才能都尚在成长之中，加上社会上竞争激烈，各个用人单位对人才的要求不尽相同，这期间面

试遭淘汰，或者工作不适被辞退，都是很正常的事情。你不必为此感到屈辱，耿耿于怀。

世界充满了就业的机遇，也充满了被淘汰的可能。被淘汰不一定是坏事，也许这正是上帝在以另一种方式告诉你：你未尽其才，你需要寻找更适合你发展的空间。

让心中的抱怨工厂关门大吉

杯子里只有半杯水了，一个人看见了会说："唉，只有半杯水了！"而另一个则说："啊，还有半杯水呢！"这就是对待事物的不同心态。前者是抱怨而悲观的，而后者是感恩而乐观的。我们应该养成积极的心态，确信天黑透了，就能够看见星星，而不是去抱怨没有太阳，因为太阳绝不会听到你的抱怨。

1972 年，新加坡旅游局给总统李光耀打了一份报告，大意是说，新加坡不像埃及有金字塔，不像中国有长城，不像日本有富士山，不像夏威夷有十几米高的海浪。除了一年四季直射的阳光，什么名胜古迹都没有，要发展旅游事业，实在是巧妇难为无米之炊。

李光耀看过报告，非常气愤。据说，他在报告上批示了这么一行字：你想让上帝给我们多少东西？阳光，阳光就够了！

后来，新加坡利用那一年四季直射的阳光种花植草，在很短的时间里，发展成为世界上著名的"花园城市"，连续多年，旅游收入位列亚洲第三位。

与旅游局心存抱怨形成鲜明对照的是，李光耀总理心存感谢。即使是一缕阳光，那也是上天的恩赐，新加坡正是抓住了阳光，做大了阳光产业，从而发展成为亚洲"四小龙"之一。一个国家如此，一个人也应如此，一定要心怀感恩：对自己的生活充满感激，对自己的家人充满感激，对自己的朋友充满感激。

有的人会对工作抱怨，诸如今天又遇到比较烦的事、比较难沟通的客户，但如果你换个角度想想，假如你把比较烦的事情都做好了，比较难沟通的客户给沟通好了，那说明你的服务水平又提高了，你又有进步了。如果你用积极乐观的心态去做事，相信从此你会多一分快乐，少一分抱怨。

不知感恩是一种严重的职业"癌症"，会严重阻碍职业发展，甚至会把自己毁掉。得了这种"癌症"的患者的症状是：不是千方百计地想办法战胜困难，而是不停地指责、埋怨。

在一次某企业的招聘中有两个年轻人脱颖而出，最后主考官单独面见了他们，问了他们同一个问题："你觉得以前你工作的那个公司怎么样？"

一个面试者抱怨说："糟透了，同事们整天不干正事，主管的水平实在太低！真难以想象我在那里是怎么度过了两年的！"

另外一个面试者却说："虽然我原来工作的是一家很小的公司，管理也不是很规范，不过在我工作的那段时间里，学到了不少的东西。正因如此，我现在才有勇气坐在这里。我很感激原来工作的公司。"

毫无疑问，最后被录取的，当然是后者！

不知感恩，缺乏感恩心态，会导致一个人的情感变得麻木；对人对事缺乏热情与认真；工作、生活懈怠，渐渐蜕

化成冷漠无情的动物。不懂感恩的人，他们的存在价值大打折扣。

我们或许有时会感叹自己的工作平淡无味，有时会觉得自己的生活琐碎繁重，有时会气馁，但其实只要我们用一种感恩的眼光去看待生活，就会发现我们的人生中充满了快乐和幸福，只是我们一直都被悲观遮住了眼睛。

一生一世，都是恩惠。我们应该把拥有的一切看成是"天上掉的馅饼"，没有一个快乐的人不深爱自己的生活，没有一个幸福的人不懂得感恩。一个不懂感恩的人，抱怨自己生活和工作现状的人，必定不善于利用手中的资源，也无法发掘现有的价值优势。

所以，只有关闭心中的抱怨"工厂"，建造心中的感恩"花园"，你的生活才会实现神奇的改变。从现在开始，每天抽出一点时间，为自己目前所拥有的一切而感恩，为自己的生活而感恩吧。

青春加油站

只有关闭心中的抱怨"工厂"，建造心中的感恩"花园"，你的生活才会实现神奇的改变。从现在开始，每天抽出一点时间，为自己目前所拥有的一切而感恩，为自己的生活而感恩吧。

别为了一棵树而浪费生命

一个边远的山区里，有两户人家的空地上长着一棵枝繁叶茂的银杏树。秋天的时候，银杏果成熟了就会落在地上。孩子们捡回一些，却都不敢吃，因为人们都认为银杏果有毒。

这棵树不知道是属于两户人家中的哪户，这样的日子过了许多年。

有一年，其中一户人家的主人去了一趟城里，才知道银杏果可以卖钱。于是，他摘了一袋背到城里，换回一大沓花花绿绿的钞票。

银杏果可以换钱的消息不胫而走。于是，另一户人家的主人上门要求两家均分那些钱。但是，他的要求被拒绝了。情急之下，他找出土地证，结果发现这棵银杏树划在他家的界线内。于是，他再次要求对方交出银杏果的钱，因为这棵银杏树是他家的。对方当然不会认输，也开始寻找证据，结果从一位老人处得知，这棵银杏树是他曾祖父当年种下的。

两家争执不下，谁也不肯让步，于是反目成仇。乡里也不能判定这棵树究竟应该属于谁，一个有土地证，白纸黑字，合理合法；一个有证人证言，前人栽树后人乘凉，理所当然。

于是，两人起诉到法院。法院也为难，建议庭外调解。两人都不同意，他们认为这棵银杏树本应属于自己，凭什么要和别人共享呢？案子便拖了下来。他们年年为这棵银杏树吵架，甚至大打出手。

这事就这样延续了 10 年。10 年后，一条公路穿村而过，两户人家拆迁，银杏树也被砍倒了，这场历时 10 年的纠纷才画上了句号。奇怪的是，当时两户人家谁也不要那棵树，因为树干是空的，只能当柴烧。

为了一棵树，他们竟然斗了 10 年！3000 多个本来可以快快乐乐的日子，难道不比一棵树重要？用来争执的时间精力，去种一片银杏林都可以了。仔细想想真的很可怕：有时候，一个人为了得到某种东西，往往会失去比这种东西重要得多的东西。那么，你呢？你是否也在为了一些不重要的东西而浪费宝贵的时间？

每个人都会努力追求一些自己以为很重要的东西，并为之付出了艰辛的努力，放弃了快乐、健康、爱情、友情。而等到真正得到它的时候，却发现它已经不是那么重要了。

就好比爬山，当你爬到一个高度的时候，发现原来自己是如此渺小，但你觉得或许高处还有更好的风景，然后你继续挣扎，再爬，再挣扎，如此反复，到自己爬不动了为止。然后忽然回头，却发现山下的人过着很快乐的生活，山顶则一片荒凉和单调，高处不胜寒，想再回去，已经不可能了。

人之所以有痛苦，就是因为你追求错误的或者对你而言不重要的东西。如果我们只是忙忙碌碌地追求而无视身边的美好，那么幸福也会远离我们。所以不妨静下来想想，什么才是你人生中真正重要的东西。

有时候我们应冷静地问问自己：我们在追求什么？我们活着为了什么？如果我们只是忙忙碌碌地追求而无视身边的美好，那么幸福也会远离我们。

别摔倒在熟悉的路上

野兔是一种十分聪明的动物，缺乏经验的猎手很难捕获到它们。但是一到下雪天，野兔的末日就到了。因为野兔从来不敢走没有自己脚印的路，当它从窝中出来觅食时，它总是小心翼翼的，一有风吹草动就会逃之夭夭。但走过一段路后，如果是安全的，它也会按照原路返回。猎人就是根据野兔的这一特性，只要找到野兔在雪地上留下的脚印，然后做一个机关，第二天早上就可以去收获猎物了。

野兔的致命缺点就是太相信自己走过的路了。许多时候，我们不是跌倒在自己的缺陷上，而是跌倒在自己的优势上。因为缺陷常常给我们以提醒，让我们小心翼翼，而优势和经验却常常使我们忘乎所以，麻痹大意。

三个旅行者早上出门时，一个旅行者带了一把伞，另一个旅行者拿了一根拐杖，第三个旅行者什么也没有带。

晚上归来，拿伞的旅行者淋得浑身湿透，拿拐杖的旅行者跌得满身是伤，而第三个旅行者却安然无恙。前两个旅行者很纳闷，问第三个旅行者："你怎么会没事呢？"

第三个旅行者没有正面回答，而是问拿伞的旅行者："你为什么会淋湿而没有摔伤呢？"

拿伞的旅行者说："当大雨来到的时候，我因为有伞，就大胆地在雨中走，却不知怎么就淋湿了；当我走在泥泞坎坷的路上时，因为没有拐杖，所以走得非常小心，专拣平稳的地方走，所以没有摔伤。"

然后，他又问拿拐杖的旅行者："你为什么没有淋湿而摔伤了呢？"

拿拐杖的旅行者说："当大雨来临的时候，我因为没有带雨伞，便拣能躲雨的地方走，所以没有淋湿；当我走在泥泞坎坷的路上时，我便用拐杖拄着走，也不知道怎么搞的就摔了好几跤。"

第三个旅行者听后笑笑说："为什么你们拿伞的淋湿了，拿拐杖的跌伤了，而我却安然无恙？这就是原因。当大雨来时我躲着走，当路不好走时我非常小心，所以我没有淋湿也没有跌伤。你们的失误就在于你们有凭借的优势，自以为有了优势便可以大意。"

从上面的故事我们可以知道，优势不但靠不住，有时候反而还会起反作用。相比之下，经验有时也是靠不住的。

　　许多人喜欢登山这项运动，因为可以挑战自己，挑战极限。当人们把自己的足迹留在山顶上的时候，一种征服的成就感就会油然而生。登山的过程中时刻伴随着危险，这是勇敢者的运动。但是只靠勇敢是不够的，还需要力量、细心等多种因素。在登山运动中，攀登雪山更是危险。

　　世界第一峰珠穆朗玛峰，每年都会迎来许多勇气可嘉的人来征服它。

　　有一年，一个登山队来到了这里。在他们准备好了食品、药品及其他登山器材，即将上山的时候，一位专家提醒他们说："多带几根钢针，燃气炉的喷嘴在严寒的状况下极易堵塞，只有钢针能够解决这个问题。不要小看了这根钢针，如果燃气炉堵塞的话，就意味着全队的生命将要受到威胁。"

遗憾的是没有人听专家的话，因为按照经验，他们认为带一根钢针就够了，何必再多此一举呢！

到半山腰的时候，燃气炉真的堵塞了。带着钢针的人把钢针拿了出来，但是天气太冷，钢针变得很脆，他一不小心把钢针弄断了——全队的饮食就此断绝了。最后，登山队没有一个人从山上走下来。

经验确实很重要，但不要只相信经验，完全凭自己的经验办事。经验不足或是经验过多都会导致失败，造成无法挽回的损失。

有的时候，优势是靠不住的，经验是会欺骗人的。所以要相信事实，多做准备，绝不能偏信所谓的经验，更不能依赖自己的优势。能正确看待自己的优势、懂得如何利用经验的人，才是真正的智者。

青春
加油站

> 许多时候，我们不是跌倒在自己的缺陷上，而是跌倒在自己的优势和经验上。

设身处地，换位思考

圣诞节到了，一位母亲在圣诞节带着 5 岁的儿子去买礼物。大街上回响着圣诞赞歌，橱窗里装饰着彩灯，可爱的小精灵载歌载舞，商店里五光十色的玩具应有尽有。

"来，宝宝，看，多漂亮的圣诞夜景啊！"母亲对儿子说道，然而儿子却紧拽着她的衣角，呜呜地哭出声来。

"怎么了宝贝？要是总哭个没完，圣诞老人可就不到咱们这儿来啦！"

"我……我的鞋带开了……"

母亲不得不在人行道上蹲下身来，为儿子系好鞋带。母亲无意中抬起头来，啊，怎么什么都没有？——没有绚丽的彩灯，没有迷人的橱窗，没有圣诞礼物，也没有装饰华丽的餐桌……原来那些东西都太高了，孩子什么也看不见。出现在孩子视野里的只是一双双粗大的鞋和妇人们低低的裙摆，在街上互相摩擦、碰撞、摇曳……

这位母亲第一次从 5 岁儿子目光的高度观察世界，她感到非常震惊，立刻起身把儿子抱了起来……从此这位母亲牢记，再也不要把自己以为的"快乐"强加给儿子。"站在孩子的立场上看

待问题"，母亲通过自己的亲身体会认识
到了这一点。

其实，不仅一位好母亲需要站
在孩子的立场上看待问题，每个人
都需要站在他人的角度
看问题。只有换位思考、
将心比心，才能够真正
了解他人的所思所想。

在生活中，
我们决不要轻易
地将自己的喜好、
逻辑强加于他人，
站在不同的角度
看风景，各有各的感受，冷暖自知。能站在他人的角度看问题，
多为他人着想的人，总是能赢得人们的喜爱和尊重。其实，学会
体谅他人并不难，只要你认真地站在对方的角度和立场看问题。

有一次，戴尔·卡耐基在报上刊登了聘请一位秘书的广告。
大约有300封求职信涌来，内容几乎是一样的："我看到周日早报
上的广告，我希望应征这个职位，我今年二十几岁……"只有一
位女士特别聪明，她并没有谈到她所想争取的，她谈的是卡耐基
需要什么条件。她的信函是这样的："敬启者：您所刊登的广告可
能已引来两三百封回函，而我相信您一定很忙碌，没有时间一一

阅读，因此，您只需拨个电话……我很乐意过来帮忙整理信件，以节省您宝贵的时间。我有 15 年的做秘书经验……"

卡耐基一收到这封信，真是欣喜若狂。他立即打电话请她前来。卡耐基说，像她那样的人，永远不用担心找工作。

真诚地从他人的角度看事情，就是遇事要先设身处地地站在别人的立场和处境思考问题，了解他人的观点和感受，体察和认知他人的情绪和情感。这里所讲的"他人"，可以包括任何与你相处、打交道的人，如你的父母、领导、同事、朋友、顾客等。

有个超级富豪，年轻的时候却是个一无所有的流浪汉。这个青年随着淘金大军来到了西部一个偏僻的小镇，得到了镇长的热情接待。

这时候正是春雨绵绵的时候，镇长家门前的小路一片泥泞。路过的人们为图方便，都从镇长家门前的花圃里穿行，花圃里的花草被踩得乱七八糟。青年非常生气，正要上前去劝阻人们别走花圃。这时候只见镇长挑了一担煤渣过来，马上就把泥泞不堪的路铺好。

于是人们便选择从更干净方便的大路上行走，没人再从花圃绕行了。

这时候，镇长拍了拍青年的肩膀，意味深长地说道："看到了吧，年轻人，关照别人就是关照自己啊！"

青年顿然醒悟，他铭记着镇长的话，凡事多从他人的角度考虑，终于成为一代石油大王。这个流浪汉，就是洛克菲勒。

所以，当我们和别人相处的时候，应该从别人的角度考虑，设身处地地为别人着想。

青春
加油站

每个人都需要站在他人的角度看问题。只有换位思考、将心比心，才能够真正了解他人的所思所想。

改变不了环境，就改变自己

托尔斯泰说："世界上只有两种人：一种是观望者，一种是行动者。大多数人都想改变这个世界，但没人想改变自己。"要改变现状，就得改变自己。要改变自己，就要改变自己的观念。一切成就，都是从正确的观念开始的。一连串的失败，也都是从错误的观念开始。要适应社会，适应变化，就要改变自己。

哥伦布发现美洲大陆后，欧洲不断向美洲移民。为了得到足够的食物，欧洲人在美洲大量种植苹果树。但是在19世纪中期，美国的苹果大面积减产，原因是出现了一种新的害虫——苹果蛆蝇。

刚开始，人们以为害虫是被从欧洲带过来的。后来经过研究发现，苹果蛆蝇是由当地一种叫山楂蝇的变化而来的。由于苹果树的大量种植，许多本地的山楂树被砍掉了，以山楂为生的山楂蝇为了适应这种情况，改变了自己的生活习性，开始以苹果为食物。在不到100年的时间里，山楂蝇进化成了一种新害虫。

山楂蝇为了适应环境，竟不惜改变自己的习性。生物适应环境的能力令人惊叹，那么人又该如何适应环境呢？

一个黑人小孩在他父亲的葡萄酒厂看守橡木桶。每天早上，他用抹布将一个个木桶擦拭干净，然后一排排整齐地摆放好。令他生气的是，往往一夜之间，风就把他排列整齐的木桶吹得东倒西歪。

小男孩很委屈地哭了。父亲摸着男孩的头说："孩子，别伤心，我们可以想办法去征服风。"

于是小男孩擦干了眼泪坐在木桶边想啊想啊，想了半天，终于

要么出众，要么出局

想出了一个办法。他去井边挑来一桶一桶的清水，然后把它们倒进那些空空的橡木桶里，然后他就忐忑不安地回家睡觉了。

第二天，天刚蒙蒙亮，小男孩就匆匆爬了起来，他跑到放桶的地方一看，那些橡木桶一个个排列得整整齐齐，没有一个被风吹倒的，也没有一个被风吹歪的。小男孩高兴地笑了，他对父亲说："要想木桶不被风吹倒，就要加重木桶的重量。"男孩的父亲赞许地笑了。

是的，我们可能改变不了风，改变不了这个世界和社会上的许多东西，但是我们可以改变自己，给自己加重，这样我们就可以适应变化，不被打败。

青春
加油站　｜　我们不能改变世界，但我们能改变自己，用爱
　　　　　心和智慧来面对这一切。

在绝境中，我们才能认识真正的自己

父亲老狄克携着儿子布莱克在山间漫游，借着山水中的灵秀之气，父亲不断地给布莱克在智慧及灵性上予以开导。

突然，布莱克一声惊叫，指着远方急切地喊道："爸爸，您

看——"

老狄克放眼望去，看到一只恶狼正全力追着一只仓皇而逃的兔子。

布莱克当下便问道："爸爸，要不要救那只兔子？我看它跑得好可怜。"

老狄克笑了笑，说："不急，我出个题目：你猜，这只恶狼能不能追上那只兔子呢？"

布莱克想了想，回答道："应该很快就追上了吧！"

老狄克正色道："不对，恶狼追不上兔子。"

布莱克诧异地问："为什么？"

老狄克慈祥地说："那是因为恶狼所在乎的，不过只是一顿午餐，追不上兔子，它可以转而再捕食其他的东西。但是对兔子而言，那就大大不同了，它若是被恶狼追上，自己的性命也就没了。所以兔子会用全部力量来逃命。所以我说，恶狼追不上兔子！你看吧——"

布莱克转身一看，果然如父亲所说，恶狼与兔子之间的距离愈来愈远。到最后，恶狼终于放弃追兔子，转过头去，再另寻其他的食物。

布莱克在佩服父亲的真知灼见之余，又想到一个问题："爸爸，照这么说来，恶狼明知永远追不上兔子，那么一开始，它又为什么想要去追兔子呢？"

老狄克摸着布莱克的头，说："也不能说恶狼永远追不上兔

要么出众，要么出局

子，只要狼群一起行动，兔子跑得再快，还是逃不出它们的围捕。也许那只恶狼在开始追兔子时，也希望能遇上伙伴的支援吧！"

青春加油站

在古希腊的一座神庙里刻着这样的神谕："认识你自己！"当你不断攻克各个难关、创造奇迹时，你会发现你本身就是一个奇迹！在追求更好的雕琢过程中，我们才能一步一步接近最好。生命的追求、生命的意义就在这一步一步的超越自己中得到了升华！

第四章

你要配得上自己所受的苦

大海上没有不带伤的船

痛苦、失败和挫折是人生必
须经历的。受挫一次，对生
活的理解加深一层；
失误一次，对人生
的领悟便增添一级；
磨难一次，对成功的内
涵的理解便更透彻一点。从这个意义上说，想获得成功和幸福，
想过得快乐和充实，首先就得真正领悟失败、挫折和痛苦。

英国一个保险公司曾经从拍卖市场上买下一艘船，这艘船原
来属于荷兰一个船舶公司，它 1894 年下水，在大西洋上曾 138
次遭遇冰山，116 次触礁，13 次失火，207 次被风暴折断桅杆，
但是却从来没有沉没过。

根据英国《泰晤士报》报道，截止到 1987 年，已经有 1200
多万人次参观了这艘船，参观者的留言就有 170 多本。在留言本
上，留得最多的一条就是——"在大海上航行没有不带伤的船"。

在大海上航行没有不带伤的船，我们在生活中同样不可能会
一帆风顺，难免会有失败和挫折。失败和挫折其实本来就是人生
不可或缺的一部分。失败和挫折是上帝与人们的一种沟通方式，

好让你知道自己为何失败。迈向成功的转折点，通常是由失败或挫折决定的。

追求成功的过程中一定充满挫折与失败。你不打败它们，它们就会打败你。任何人在成功之前，没有不遭遇失败的。每一个成功的故事背后都有无数失败的故事。伟大的发明家爱迪生在经历了1万多次失败后才发明了灯泡，而沙克也是在试用了无数介质之后，才培养出了小儿麻痹疫苗。约翰·克里斯在出版第一本书之前，曾写过564本其他书，并遭到了1000多次的退稿，但他并没有灰心放弃，终于在第565本书获得了成功，成为英国著名的多产作家。

所以，接受失败，正确对待失败，危机就可能成为转机，总会有云开雾散的一天。失误其实也是一种特殊的教育、一种宝贵的经验，换个角度去面对它，可能会有意想不到的收获。

在行业圈子里，流传着宝洁公司的这样一个规定：如果员工三个月没有犯错误，就会被视为不合格员工。对此，宝洁公司全球董事长白波先生的解释是：那说明他什么也没干。

人的一生不可能一帆风顺。挫折和失败，是人生中必不可少的。只有经过挫折的考验，人才能展翅高飞，走向成熟。

青春加油站 ｜ 失败和痛苦是上帝与人们的一种沟通方式，好让你知道自己为何失败。

挫折是成功的入场券

我们每个人都会遇到各种挑战、各种机会、各种挫折，你抗挫折的能力，决定了你未来的命运。成功不是一个海港，而是一次埋伏着许多危险的旅程，人生的赌注就是在这次旅程中要做个赢家，成功永远属于不怕失败的人。

有一个博学的人遇见上帝，他生气地问上帝："我是个博学的人，为什么你不给我成名的机会呢？"上帝无奈地回答："你虽然博学，但样样都只尝试了一点儿，不够深入，用什么去成名呢？"

那个人听后便开始苦练钢琴，后来虽然弹得一手好琴却还是没有出名。他又去问上帝："上帝啊！我已经精通了钢琴，为什么您还不给我机会让我出名呢？"

上帝摇摇头说："并不是我不给你机会，而是你抓不住机会。第一次我暗中帮助你去参加钢琴比赛，你缺乏信心，第二次缺乏勇气，又怎么能怪我呢？"

那人听完上帝的话，又苦练数年，建立了自信心，并且鼓足了勇气去参加比赛。他弹得非常出色，却由于裁判的不公正而被别人夺走了成名的机会。

那个人心灰意冷地对上帝说："上帝，这一次我已经尽力了，看来上天注定，我不会出名了。"上帝微笑着对他说："其实你已经快成功了，只需最后一跃。"

"最后一跃？"他瞪大了双眼。

上帝点点头说："你已经得到了成功的入场券——挫折。现在你得到了它，成功便成为挫折给你的礼物。"

这一次那个人牢牢记住上帝的话，他果然成功了。

如果将幸福、欢乐比作太阳。那么，不幸、失败、挫折就可以比作月亮。人不能只企求永远在阳光下生活，在生活中从没有失败和挫折是不现实的。挫折是成功的入场券，能使人走向成熟，取得成就，但也可能破坏信心，让人丧失斗志。对于挫折，关键在于你怎么看待。

山里住着一家猎户。父亲是个老猎手，在山里闯荡了几十年，猎获野物无数，走山路如履平地，从未出过事。然而有一天，因下雨路滑，他不小心跌落山崖。

两个儿子把父亲抬回了破旧的家，他已经快不行了，弥留之际，他指着墙上挂着的两根绳子，断断续续地对两个儿子说："你们两个，一人一根。"话刚说完就咽了气。

掩埋了父亲，兄弟二人继续打猎生活。然而，猎物越来越少，有时出去一天连个野兔都打不回来，二人的日子艰难地维持着。一天，弟弟与哥哥商量："咱们干点别的吧！"哥哥不同意："咱家祖祖辈辈都是打猎的，还是本本分分地干老本行吧。"

弟弟没听哥哥的话，拿上父亲留给他的那根绳子走了。他先是砍柴，用绳子把柴捆起来背到山外换几个钱。后来他发现，山里一种漫山遍野的野花很受山外人喜欢，且价钱很高。从此，他不再砍柴，而是每天背一捆野花到山外卖。几年下来，他盖起了自己的新房子。

哥哥依旧住在那间破旧的老屋里，还是干着打猎的营生。由于常常打不到猎物，生活越来越拮据，他整天愁眉苦脸，唉声叹气。一天，弟弟来看哥哥，发现他已经用父亲留给他的那根绳子吊死在房梁上。

如果给你一根绳子，你当如何？

青春加油站 | 挫折是成功的入场券。得到了它，成功便成为挫折给你的礼物。

失败是一种人生财富

有一次，古埃及法老举行盛大的国宴，厨工在厨房里忙得不可开交。一名小厨工不慎将一盆羊油打翻，吓得他急忙用手把混有羊油的炭灰捧起来往外扔。扔完后去洗手，他发现双手滑溜溜的，特别干净。小厨工发现这个秘密后，悄悄地把扔掉的炭灰捡回来，供大家使用。后来，法老发现厨工们的手和脸都变得洁白干净，便好奇地询问原因。小厨工便把事情的经过告诉了法老。

法老试了试，效果非常好。很快，这个发现便在全国推广开来，并且传到希腊、罗马。没多久，有人根据这个原理研制出流行全世界的肥皂。

错误，绝对没有想象中那么可怕，它其实是一种特殊的教育、一种宝贵的经验。有时候，错误中往往孕育着机会。换个角度去面对错误，可能是另一个更圆满的成果。

2002年10月10日，一条消息在全球迅速传播开来——日本一位小职员荣获了2002年诺贝尔化学奖。一位小职员居然也获得如此大奖？没错，他就是日本一家生命科学研究所的田中耕一。

他不是科学界的泰斗，也非学术界的精英，他甚至不是优等生，大学时还留过级；他找工作时未通过面试而被索尼公司拒之门外，后经老师的极力推荐才有机会走进现在的这家研究所。他是那样的平凡，获奖前，就连同事都不知道有田中耕一这个人。当他接到获奖通知时，他还以为是谁在跟他开玩笑呢。

面对众多记者的追问，田中耕一笑着说："说来惭愧，一次失败却创造了让世界震惊的发明……"

事实的确如此。当时，田中耕一的工作是利用各种材料测量蛋白质的质量。有一次，他不小心把丙三醇倒入钴中，他没有立即推翻重来，而是将错就错对其进行观察，于是意外地发现了可以异常吸收激光的物质，为以后震惊世界的发明"对生物大分子的质谱分析法"奠定了成功的基础。

失败在悲观者眼里是灾难，在乐观者眼里却是一次改正的机会。有失败的痛苦，才有成功的欢乐；有失败的考验，才有做人的成熟。勾践被夫差打败后，卧薪尝胆 10 年才一雪前耻；乔治·史蒂芬森发明的第一辆火车又笨又慢，经过无数次改良，终于成功；爱迪生在经历过几千次的失败后，才得出碳丝才是当时最佳的灯丝的结论；诺贝尔也是在经历了多次失败，在自己险些丧命的情况下才研制出 TNT 炸药。所以，失败也是一种财富，因为通过它又一次磨炼了你自己，完善了自我，又一次体味到坚韧的宝贵价值。

**青春
加油站** 　一个人经历的失败越多，他的经验就越丰富，做人就越成熟，能力也就越强。

羞辱是人生的一门必修课

20 世纪 80 年代，年逾古稀的曹禺已是海内外声名鼎盛的戏剧作家。有一次，美国同行阿瑟·米勒应邀来京执导新剧本，作为老朋友的曹禺特地邀请他到家做客。

吃午饭时，曹禺突然从书架上拿来一本装帧讲究的册子，上面裱着画家黄永玉写给他的一封信，曹禺逐字逐句地把它念给阿瑟·米勒和在场的朋友们听。

这是一封措辞严厉且不讲情面的信，信中这样写道："我不喜欢你新中国成立后的戏，一个也不喜欢。你的心不在戏剧里，你失去伟大的通灵宝玉，你为地位所误！命题不巩固、不缜密、演绎分析也不够透彻，过去数不尽的精妙休止符、节拍、冷热快慢的安排，那一箩筐的隽语都消失了……"

阿瑟·米勒后来详细描述了自己当时的迷茫："这信里对曹禺的批评，用字不多却相当激烈，还夹杂着明显羞辱的味道。然而曹禺念着信的时候神情激动。我真不明白曹禺恭恭敬敬地把这封信裱在专册里，现在又把它用感激的语气念给我听时，他是怎么想的。"

阿瑟·米勒的不理解是可以理解的。毕竟把别人羞辱自己的信件装裱起来，并且满怀感激地念给他人听，这样的行为太过罕见，很难让人接受。但

阿瑟·米勒不知道的是，在这种"傻气"的举动中，透露的是曹禺对"羞辱"的真诚的感激。这种"羞辱"对他而言是一笔鞭策自己的宝贵财富，所以他要当众感谢这一次"羞辱"。

生活永远源源不断地在制造羞辱，这是永恒的命题，没有人能一生不遭到羞辱，但是比这更重要的是你的态度。有人一辈子被羞辱淹没，自暴自弃；而有些人则因羞辱而奋发，成就一番功业，这才是人生的强者。

战国时期的政治家苏秦，早年一直得不到赏识。一次去秦国游说失败后，苏秦落魄到了极点，回家还遭到全家人的白眼。妻子不从织机上下来迎接，嫂子不给他做饭，父母不跟他说话，还说了不少讽刺话，苏秦非常伤心。但面对这样的打击和羞辱，苏秦既不怨天，也不尤人，只是重重地叹了口气："妻子不把我当丈夫，嫂子不认我这个小叔子，父母不把我当儿子，都是我的过错啊。"从此以后他闭门自学，头悬梁，锥刺骨，刻苦读书。

后来，苏秦身佩六国相印，再次回家的时候，他家人听说苏秦要回来，把地扫得干干净净，准备了丰盛的酒宴，特地赶到洛阳城外30里的地方，跪着迎接他。妻子不敢正眼看他，侧着耳朵听他说话。嫂子更是匍匐在地像蛇那样爬行，行四拜大礼跪地谢罪。父母更是嘘寒问暖，热情得不得了。苏秦看到这情景，前后对比，不由百感交集地说："唉！同是一个苏秦，穷困的时候，没人理睬，父母也不把我当儿子，妻子不把我当丈夫看待。如今我居官富贵，他们都来捧我，如此奉承于我。"

心胸狭窄者把羞辱变成心理包袱，而豁达乐观者则会把它看作是"激励"的别名。所以，你应该感谢人生道路上的羞辱：是它刺激你用执着战胜了自己内心深处的失败感。感谢羞辱，你的斗志和毅力才能得以升华；感谢羞辱，你才能从羞辱中了解自身的短处与缺陷；感谢羞辱，你才能用羞辱激励完善自我……羞辱是人生道路上一种伟大的力量，它能击溃弱者，更能成就强者，曹禺就是最好的例子。

所以，当你遭遇羞辱的时候，任何的反击都是疲软无力的。你只有通过加倍的努力获得成功，才是对羞辱最有效的反击。当你功成名就时，你就会明白，原来羞辱是人生的一门必修课。

青春
加油站　| 　羞辱是人生道路上一种伟大的力量，它能击溃弱者，更能成就强者。

困境，有时候反而是机遇

一天，狮子来到了天神面前："我很感谢你赐给我如此雄壮威武的体格、如此强大无比的力气，让我有足够的能力统治整座森林。"

天神听了，微笑着问："但是这不是你今天来找我的目的吧！看起来你似乎被某事困扰着呢！"

狮子轻轻吼了一声，说："天神真是了解我啊！我今天来的确是有事相求。尽管我是百兽之王，但是每天天亮的时候，我总是会被鸡叫声给吵醒。神啊！请求您，不要让鸡在天亮时叫了！"

天神摊了摊手，无奈地说道："你去找大象吧，它会给你一个满意的答复的。"

狮子跑到湖边找到大象，看到大象正在气呼呼地直跺脚。

狮子问大象："你干嘛发这么大的脾气？"

大象拼命摇晃着大耳朵，吼着："有只讨厌的小蚊子，钻进我的耳朵里，我都快痒死了。"

狮子离开了大象，心里暗自想着："原来体形这么巨大的大象，还会怕那么瘦小的蚊子，那我还有什么好抱怨的呢。毕竟鸡叫也不过一天一次，而蚊子却是无时无刻地骚扰着大象。这样想来，我可比他幸运多了。"

狮子一边回头看着暴躁的大象，一边想："谁都会遇上麻烦事，但只要看看别人，这点麻烦就算不上什么了。以后只要鸡一叫，我就当作是鸡在提醒我该起床了，对我还有好处呢。天神要我来看看大象的情况，应该就是想告诉我：只要想开了，困境就不再是困境，而是机遇了。"

一个障碍，就是一个新的已知条件，只要愿意，任何一个障碍，都会成为一个超越自我的契机。所以，困境有时候反而是一个机遇。

生活中，有些人只要碰上一些不顺心的事，就会习惯性地抱怨上天亏待他们，希望上天赐给他们更多的力量和幸运，帮助他们渡过难关。但实际上，上天是最公平的，就像它对狮子和大象一样，每个困境都有其存在的正面价值。

有一个10岁的小男孩，在一次车祸中失去了左臂，但是他很想学柔道。

最终，小男孩拜柔道大师为师，开始学习柔道。他学得不错，可是练了3个月，柔道大师只教了他一招，小男孩有点弄不懂了。

他终于忍不住问师傅："我是不是应该再学学其他招数？"

柔道大师回答说："不错，你的确只会一招，但你只需要会这一招就够了。"小男孩虽然不是很明白，但他很相信师父，于是就继续照着练了下去。

几个月后师父第一次带小男孩去参加比赛。小男孩自己都没有想到居然轻轻松松地赢了前两轮。第三轮稍稍有点艰难，但对手很快就变得有些急躁，连连进攻，小男孩敏捷地施展出自己的那一招，又赢了。就这样，小男孩顺利地进入了决赛。

决赛的对手比小男孩高大、强壮得多，也似乎更有经验。一度小男孩显得有点招架不住，裁判担心小男孩儿会受伤，就叫了暂停，还打算就此终止比赛，然而柔道大师不答应，坚持说："继续下去！"

比赛重新开始后，对手放松了戒备，小男孩立刻使出他的那一招，打败了对手，赢了比赛，得了冠军。回家的路上，小男孩和柔道大师一起回顾每场比赛的每一个细节，小男孩鼓起勇气道出了心里的疑问："师傅，我怎么就凭一招就赢得了冠军？"

柔道大师答道："有两个原因：第一，你几乎完全掌握了柔道中最难的一招；第二，就我所知，对付这一招唯一的办法是对手抓住你的左臂。"

所以，小男孩最大的劣势变成了他最大的优势。世界上无绝对的缺陷和困境，只要懂得扬长避短就能海阔天空。这才是真正的取胜之道，也是智者的选择。

> **青春加油站** 世界上无绝对的缺陷和弱点，只要懂得扬长避短就能海阔天空。

发现你人生中的"兔子"

电视台曾经播过一个农民养殖致富的故事。北方农民张有庆先是种苹果树，这在当时被公认是农民致富的主要出路。张有庆买来优质树苗种在几十亩地里，为了便于看护管理，他还在果树园四周垒起了围墙。可种苹果的人太多，一窝蜂地跟进，两三年后果树挂果，当年认为的摇钱树，成了农民们的伤心树。苹果价贱，挂在树上也没有人愿意去摘，因为摘果卖的钱还不够付摘果人的工资。许多人开始绝望地砍树。

果子不能赚钱，全家人的希望全部落空了。不但一家人几年的心血白费，一去不复返的还有买树苗、买化肥、买农药和垒围墙的钱。这些钱可都是贷款，现在也都无法归还。更令人气愤的是，张有庆套种在果园中的小麦苗都被野兔吃了，就连自己家吃粮还得去市场上买。围墙四周到处都是野兔打的洞。

张有庆欠的债，有些是银行的，有些是亲戚朋友的，每天都有人来讨债。真是走投无路呀，他彻底绝望了。

绝望的张有庆准备悬梁自尽在给他带来灾难的果园里。张有庆已绑好了绳子，准备告别这个世界。抬头却看见离自己几米之外，几只野兔跳来跳去。这些使他走上绝路的东西此刻竟然还在他面前肆无忌惮，悠然自得地吃着小麦苗，张有庆气极了，迅速关上门，开始在院子里打兔子。可能是野兔太多了，一会儿就打了一大筐。打的兔子实在吃不完，便拿到集市上去卖。

因为是野兔，城里的餐馆争着要。野兔比家兔值钱，一斤竟然卖到12元。从集市回来的路上，张有庆寻思，为什么不可以养野兔卖钱呢？

回到家里，张有庆便把围墙上所有的野兔洞堵上，利用围墙内现有的兔子，开始养殖野兔。反正野兔遍地都是，不需要花大价钱去引种，只需每天到集市上拣些菜叶或去割些青草。

从此，果园成了野兔们的伊甸园。野兔的繁殖能力远远超出了人们的想象力，仅一两个月工夫，围墙内的野兔已是数代同堂。何况野兔有先天的基因优势，不像家兔，容易得病，动不动会成群死亡。张有庆每天除了喂一些青菜青草，剩下的事情就是捉兔子送到定点的餐馆去卖钱。

没多久，张有庆成了远近闻名的野兔养殖户，就连野兔的粪便也被人花大价钱买去做肥料。几年工夫，他就还清了所有建果园的欠款，过上了令别人羡慕的富裕生活。

这个故事虽然有些戏剧性，但却很有哲理。在生命的旅途中，我们常常遭遇各种挫折和失败。当你一个人在人生低谷中徘徊，感觉自己支持不下去的时候，其实往往就是黎明的前夜。只要坚持下去，你人生的兔子，在这时候往往就会出现。如果那天没有发现兔子，很难讲张有庆的境遇将会如何。

所以，很多事往往并不像当事人想象的那么悲观。灾难背后，往往隐藏着机会。关键是，你能否发现给你带来机会的"兔子"。

青春
加油站 ｜ 塞翁失马，焉知非福。灾难背后，往往隐藏着机会。

第五章

与其讨好全世界，不如强大自己

要有主见，做事的是你自己

有一个女人怀孕了，她已经生了八个孩子，其中有三个耳朵聋了，两个眼睛瞎了，一个弱智，而这个女人自己又有梅毒。

当时有许多好心人劝她堕胎，让她不要生下那孩子。可她还是坚持要生下孩子。现在想来，我们真要感谢那位英雄的母亲，她没有听信别人的议论和劝说。那个女人就是贝多芬的母亲，那个怀着的孩子就是贝多芬。由此可见，面对一切，都不能轻易地下结论。

当今社会，纷繁复杂。所以，没有主见随波逐流的人，是永远不会取得成就的。要想获得成功，就应该凡事不随大流，要有自己的主见。

巴尔扎克若不坚定自己的作家梦，便不会有《人间喜剧》的诞生；达尔文若不坚持自己的主见，从事生物研究，便不会有进化论的问世……总而言之，没有自己的主见，便不能做自己的主人，更不能成就一番自己的事业。

为人处世要有主见，是众所周知的道理。但真能做到事事均有自己的主见，不为他人言行所左右，却非易事。

苏格拉底的学生曾经向他请教如何才能保持自我。苏格拉底让大家坐下来，他用拇指和中指捏起一个苹果，慢慢地从每个同

要么出众，要么出局

学的座位旁边走过，一边走一边说："请同学们集中注意力，注意嗅空气中的气味。"

然后，他回到讲台上，把苹果拿起来左右晃了晃，问："有哪位同学闻到了苹果的味道？"

有一位学生举手站起来回答说："我闻到了，这个苹果很香！"

"还有哪位同学闻到了？"苏格拉底又问。

学生们你望望我，我看看你，都不做声。

苏格拉底再次走下讲台，举着苹果，慢慢地从每一个学生的座位旁边走过，边走边叮嘱："请同学们务必集中精力，仔细闻闻空气中的气味。"

回到讲台上，他又问："大家闻到了苹果的气味了吗？"这次，绝大多数学生都举起了手。

稍停了一会儿，苏格拉底第三次走到学生中间，让每位学生都闻一闻苹果，回到讲台后，他再次提问："同学们，大家闻到苹果的香味了吗？"

他的话音刚落，除一位学生外，其他学生全部都举起了手。那位没举手的学生左右看了看，

慌忙也举起了手。

看到这种情景，苏格拉底笑着问："大家闻到了什么味儿？"

学生们异口同声地回答："苹果的香味！"

苏格拉底脸上的笑容不见了，他举着苹果缓缓地说："非常遗憾，这是一个假苹果，什么味儿也没有。如果不能坚持自己的看法，是没有办法保持自我的。"

苏格拉底的意思非常明白：说话的人是别人，真正做事的却是你自己，没有主见的人永远没有正确的行动。坚持自己的主见，做一个独立的思想者，做一个激情的梦想者，做一个坚定的信仰者，你可能会失去一些东西，但你将得到更多。

青春
加油站　　　　说话的人是别人，真正做事的却是你自己，没有主见的人永远没有正确的行动。

认识你自己，人贵有自知之明

关于"认识你自己"有这么一个故事。

柏拉图的老师苏格拉底在路上碰见斐德诺，就和他走出雅典

　　　　要么出众，要么出局

城门，到伊里苏河边去散步。

伊里苏河中碧波荡漾，岸边高大的梧桐树枝叶葱葱，流水的声音和着蝉儿的歌唱，这美不胜收的自然风景令苏格拉底心旷神怡，一旁的斐德诺非常惊奇，他说："这是传说中风神玻瑞阿斯掠走美丽的希腊公主俄瑞提娅的地方，你信不信？"

苏格拉底回答道："我没有时间做这些研究，我现在还不能做到德尔斐神谕所指示的'认识你自己'。一个人还不能认识他自己，就忙着研究一些和他不相干的东西，这在我看来是十分可笑的。"

苏格拉底说得对，一个人只有认识他自己，才能做别的。如果一个人连"自己是谁"或"自己是做什么的"都不清楚，要想有所成就也就无从谈起。

"认识你自己"，这句话备受西方人推崇，影响了西方几千年。的确，人类可以探索神秘的宇宙，认知奇妙的万物，往往却不能正确地认识自己。要想做一番事业，获得成功，你就应该对自己有清晰的认识，知道自己的优缺点，给自己定好位，"得知道自己是谁"。有一位哲人就说过："准确定位是开创事业的第一步。"

在水生动物中，螃蟹是横着走路的，河虾倒退着走路。它们怪异的行走方式引来了不少嘲笑和讥讽。一天，敏捷矫健的银鱼嘲笑说："螃蟹你真笨！横着走路！如果旁边有障碍物你怎么走啊？"聪明的章鱼也插嘴讥讽道："河虾更傻，向前走多顺啊，

可它偏偏倒着走，何时才能到头啊？"螃蟹和河虾听见了，只是淡淡一笑。它们心里知道，选择什么样的行走方式，是根据自己的身体情况决定的。只要有自知之明，了解自己的特点，把握好方向和目标，给自己定好位，横着走或者倒着走，都是一种前进的姿态。

齐庄公乘车出游的时候，在路上看见一只小小的螳螂伸出前臂，准备去阻挡车子的前进，齐庄公不由非常惊讶。车夫就告诉齐庄公："这种虫子凡是看到对手，就会伸出自己的前臂，想要抵挡对手的进攻，却往往没想过自己的力量有多大，所以经常被车压死。"

这就是成语"螳臂当车"的由来，以此来比喻那些没有自知之明、不自量力的人。

不自量力，自欺欺人，常常给自己带来危害，有时甚至丢掉性命。相比于可悲的螳螂，历史上许多伟大的人物之所以成功，

要么出众，要么出局

是由于他们具有可贵的自知之明，在现实世界中找到了属于自己的最佳人生位置，并由此设计和塑造了自己。

巴尔扎克在年轻时办过印刷厂，当过出版商，经营过木材，开采过废弃的银矿，但所有这些都没有取得成功，还弄得自己债台高筑。这不能不说与他缺乏自知之明，不能正确认识自己有关。后来，他终于发现了自己的写作天赋，潜心写书，终于成为一个闻名世界的作家。

认识你自己。要永远记住这句话。因为只有认识了你自己，才会认真反思自己，才能"不以物喜，不以己悲"，采取有效正确的行动，成就你的卓越人生。

青春
加油站

一个人只有认识自己，才能开始做别的。

学会表现自己，别做慢游的快艇

一个年轻人对自己久不被重用感到很不解，就慕名去拜访一位很有名的经理，请他指点迷津。经理问年轻人道："你在工作上对自己是如何定位的？"

"我父亲告诉我，做人不能太露锋芒，我认为很有道理。所以在公司里我处处忍让。"年轻人说。

听了他的话，经理没有言语，领着年轻人坐上快艇，然后发动小油门慢慢前行。和他们同时启动的一艘快艇加大马力，似流星般划到他们前面；晚于他们启动的大游船也很快超过了他们，就连一叶双人小扁舟也走在了他们的前面……

一艘大游船赶了上来，船主对他们说："你们的快艇连个小木舟都不如，报废了吧。"

经理扭头笑问年轻人："你说我们的快艇究竟如何？""因为他们不知道你没开足马力。"年轻人答道。

"是啊，其实人又何尝不是这样呢？你再有才华，但你不显露，别人不知道，怎么会看重你呢？低调可以，但不能太过了，要学会表现自己。即使你的能力有人知道，但是你畏畏缩缩，人家又怎敢重用你呢？如此，你又怎能快速到达理想的彼岸呢？"

年轻人听了，顿然醒悟，开始在工作中积极表现自己，很快他就被提升为部门经理。

快艇的优势就在于它的速度，如果连速度都掩饰起来，那还能叫快艇吗？所以说，韬光养晦固然有它的优点，但有时候我们更需要学会展现自己、推销自己。

战国的时候，很多有权威的人都供养着一些有才华的人，作为他们的人才库，这些被供养的人被叫作食客，也叫门下客。毛遂就是赵国平原君的食客，在平原君府上已经 3 年了，一直没有得到重用。

要么出众，要么出局

这一年，赵王派平原君出使楚国，请求楚国出兵共同抵御秦国。于是平原君决定挑选 20 个能人和自己一起去楚国。可是挑来挑去，只挑出了 19 个，平原君很是发愁。这时候，毛遂请求和平原君一起去楚国。平原君看不起毛遂："你在我这里几年了？"

毛遂回答："3 年了。"

平原君继续说道："有才能的人，就像把锥子放在口袋里一样，锥子尖马上会显现出来，你在我府上 3 年了，我为何听都没有听说你啊？"

毛遂恳求道："那么，今天就把我放入袋子吧。如果早点进入口袋，我早就刺破口袋脱颖而出，名声在外了！"于是平原君勉强带上了毛遂。

到了楚国后，平原君和带去的 19 人都没能说服楚王，眼看谈判就进行不下去了，毛遂挺身而出，施展他的口才，终于把楚王说服了。平原君圆满完成了任务，从此重用毛遂。毛遂也就成为自我推荐、表现自己的典范。

生活是一连串的推销。我们推销货品，推销一项计划，我们也推销自

己。展示自己是一种才华，一种艺术。一个优秀成熟的人，就要懂得在恰当的时候以恰当的方式表现自己，让自己脱颖而出！

学会给自己减轻压力，释放自己

现在人们说得最多的两个词是什么？忙和累！现代人的生活紧张忙碌，身心疲惫，还承受着巨大的工作压力：生存、升职、裁员、加薪、供房、充电、子女……就连休息的时候都想着一堆事情。一句话，现在的人压力太大，活得太累了。如果压力不能得到及时的宣泄和释放，那么只会越来越重，让你不堪重负，从而严重影响你的生活和工作。

在一个有关处理压力的课堂上，讲师给学生做了一个示范，提出了一个问题。他举起手中的玻璃杯，问台下的学生："你们估计一下玻璃杯内的水有多重？"学生议论纷纷，答案不一，范围由 50 克到 500 克不等。讲师说："那些水的实际重量并不重要，重要的是你拿着水杯的时间。如果拿着一分钟，没问题，一点感觉也没有。如果拿着一小时，手臂会疼痛。如果拿着一整天，可能就要去医院了。就算是重量相同，拿在手中的时间越长，也会觉得越来越重。"

人的压力和玻璃杯里的水差不多。如果时常背负很多压力，得不到有效的放松和宣泄，即使压力大小不变，担子也会变得越来越重，最后重到负担不起。因此，要减压就应放下担子休息一下，让自己放松一下，然后再继续努力。

科学研究表明，长期处于紧张状态，会使脑细胞加速老化，影响记忆力，会使你变得更迟钝；也会使皮肤与机体加速老化，比一般人衰老得要快。或许你不同意，不过仔细想想，你会发现，人在紧张状态下，对事物的感觉大部分是既麻木又无聊的。

美国加州大学曾经做过一次调查，结果显示，超过50%的女性和43%的男性表示，愿意牺牲一天的薪水，来多换取一天的假期，他们一直希望多一点个人休闲时间，过更均衡的生活。

试想，带着沉重的压力去行动，怎么能成功？所以我们必须学会给自己减压，轻装上阵。正所谓"兵来将挡，水来土掩"。以下方法你不妨试一试：

（1）目标控制法。很多人会为自己制定不合理的、近乎完美的目标，这样做的结果是无谓地给自己制造压力。事实上，每个人都不是完美的，不管个人多么努力，还是会有不足、失败。所以为自己制定的目标一定要切实可行。

（2）运动宣泄法。研究证明，经常锻炼身体可以减轻压力。

你可以跑到楼顶大声呼喊，把心中的不满和郁闷用声音全部发泄出来。或者做体育运动，让自己大汗淋漓，然后洗个澡睡一觉。值得注意的是，应该选择那些你认为比较有趣的活动，那些你觉得很枯燥的锻炼往往起不到减压的效果。

（3）劳逸结合。要明确分清楚工作和私人生活的界限。工作的时候认真工作，该休息的时候就好好休息，不管自己有多忙，该玩就玩，休息的时候就别老想着工作的事情。

（4）倾诉法。找一个你信任的人，如朋友、亲人、要好的同事，或者心理医生，向对方讲讲自己的心里话。研究证明，把闷在心里的话说给一个乐于倾听你的人听，是一种非常管用的减压方式。当然，歌唱减压、写作治疗等其他方式的倾诉都是流行又有效的心灵疗法。

（5）音乐疗法。听听喜欢的音乐。轻松、欢快的音乐总能把你带到快乐老家，不管心情有多坏，只要

要么出众，要么出局

听一下自己喜欢的曲子，你就会感受到你那愉快的心跳。当然，如果你能放声高唱出来，你的心情会变得更好。

（6）乐观心理疗法。凡事多往好处想。当你心情不好时，想想同事曾经对你的赞美，想想老板曾经给你的关爱，你的心情一定会平和很多。

（7）计划法。让自己每天的工作有条不紊，井然有序。有秩序的生活会使你每天头脑清醒，心情舒畅。每天上班前先调整状态，然后把自己一天要做的事情按重要性先后列出来。

（8）乐趣释放法。培养一些爱好，给自己找乐趣，做自己喜欢做的事情。最好能够每天给自己一点时间做自己喜欢的事情，或者回忆一些开心的往事，读一些有趣的书籍。

（9）放松技巧法。学习点放松技巧。现在流行的放松技巧很多，如沉思、深呼吸等。大家可以找到相关的资料进行练习，掌握一些放松技巧，这的确有助于减轻压力。有条件或有必要的话，可以就此请教心理医生。

（10）善待宽容法。对自己好点，要善待自己；多点忍耐，宽容别人。很多压力其实是来自于别人，不能容忍别人，很容易导致挫折感和怒火，平添烦恼。正确的做法是，努力去理解别人那样想、那样做的道理。这种思考问题的方式可以帮助你逐渐去接受别人。当然，在理解别人的时候，同样也要接受和宽容自己。

如果时常背负很多压力，得不到有效放松和宣泄，即使压力大小不变，担子也会变得越来越重，最后重到负担不起。

挖掘自信，超越自卑

十几年前，他从一个仅有 20 多万人口的北方小城考进了北京的大学。上学的第一天，他邻桌的女同学第一句话就问他："你从哪里来？"而这个问题正是他最忌讳的，因为在他的逻辑里，出生于小城，没见过世面，肯定会被那些来自大城市的同学瞧不起。很长一段时间，自卑的阴影都占据着他的心灵。

20 年前，她也在北京的一所大学里上学。

大部分日子，她都在疑心、自卑中度过。她疑心同学们会在暗地里嘲笑她，嫌她肥胖的样子太难看。

她不敢穿裙子，不敢上体育课。大学结束的时候，她差点儿毕不了业，不是因为功课太差，而是因为她不敢参加体育长跑测试！她连给老师解释的勇气也没有，茫然不知所措，只能傻乎乎地跟着老师走，老师勉强算她及格。

在后来的一个电视晚会上，她对他说："要是那时候我们是同学，可能是永远不会说话的两个人。你会认为，人家是北京城里的姑娘，怎么会瞧得起我呢？而我则会想，人家长得那么帅，怎么会瞧得上我呢？"

他，现在是中央电视台著名节目主持人，经常对着全国几亿电视观众侃侃而谈，他主持节目给人印象最深的就是从容自信。他的名字叫白岩松。

她，现在也是中央电视台著名节目主持人，而且是第一个完全依靠才气而丝毫没有凭借外貌走上中央电视台主持人岗位的。她的名字叫张越。

原来，他们也会自卑。原来，自卑也是可以彻底摆脱的。

现实生活中，总有人因为某种缺陷或短处而特别自卑，从而影响了他们一生。其实这些所谓的自卑理由都显得十分可笑，比如肥胖、矮小、贫穷……殊不知，没有人是完美无瑕的，拿破仑矮小、林肯貌丑、罗斯福瘫痪、丘吉尔臃肿……缺陷都非常明显而典型，可他们都毫不在意，并没有自卑自弃，反而生活得坦然自在，并在事业上取得了极大的成功。

许多人缺少的不是能力，而是自信的心态。世上只有有独立意识的人才能敲开成功的大门，但是只有自信的人才能冲破一切困难阻碍，来到成功的门前。

小泽征尔是日本著名指挥家，他在参加一个世界指挥大奖赛时，成为三个决赛选手之一。演奏中，他发现一个不和谐音符，开始，他以为自己听错了，重新开始，仍然如此。小泽征尔于是向在场的专家询问，是不是乐谱有问题。此时，在场的专家向他保证乐谱绝对没问题。小泽征尔认真思索后大喊一声：不，是乐谱错了。话音刚落，评委席传出一阵热烈的掌声——原来，这是评委精心设计的"陷阱"……

如果对自己没有绝对的自信，在权威的评委的误导下，小泽征尔也许会放弃自己的观点，从而与冠军擦肩而过。可见，自信是一个人最应具备的品质。莎士比亚说过："对自己都不信任，怎么让别人信任你？"

其实，并不是因为有些事情难以做到，我们才失去自信；而是因为我们失去自信，有些事情才显得难以做到。山姆·史密斯认为，一个人的自信心，可以决定他是否成功。所以，你认为自己是一个什么样的人，就会成为什么样的人。

作家罗曼·罗兰说过，先相信自己，然后别人才会相信你。所以，人自认为自己是怎样一个人，比他真正是怎样一个人更为重要，因为每一个人都是按他认为自己是怎样一个人而行动的。自卑正是自认为自己能力不如他人，从而产生自卑感的。

《福布斯》是与《财富》和《商业周刊》并驾齐驱的世界三大经济杂志之一。切里·默克是《福布斯》的总编。有一次，切里·默克宣布编辑部将要解雇一名员工。有位员工实在太担心、太紧张，因为他觉得自己在公司的表现很糟糕，最后忍不住就直接去找切里·默克询问道："大卫，你要解雇的是不是我？"

切里·默克慢悠悠地说："本来我还没有想好是谁，现在还在考虑这件事情。不过，既然你提醒了我，那么就是你了。"于是，那位员工当场就被解雇了。

世界充满了成功的机遇，也充满了失败的可能。所以我们要不断提高应对挫折与干扰的能力，调整自己，增强社会适应力。若每次失败之后都能有所领悟，把每一次失败当作成功的前奏，那么就能化消极为积极，变自卑为自信。

青春
加油站　　　自卑的人只有认识自己，挖掘自信，才能化消极为积极。

第六章

你所谓的稳定，不过是在浪费生命

拒绝平庸，绝不安于现状

李洋曾经在一家合资企业担任首席财务官。在成为首席财务官之前，他工作非常努力，并取得了出色的成绩。老板非常赏识他，第一年就把他提拔为财务部经理，第二年又提拔他为首席财务官。

当上首席财务官以后，拿着高薪，开着公司配备的专车，住着公司购买的豪宅，李洋的生活品质得到了很大的提升。然而，他的工作热情却一落千丈，他把更多的精力放在了享乐上面。

当朋友问他还有什么追求时，他说："我应该满足了，在这家公司里，我已经到达自己能够到达的顶点了。"李洋认为公司的CEO（首席执行官）是董事长的侄子，自己做CEO是不可能的，能够做到首席财务官就到达顶点了。

他在首席财务官的位置上坐了差不多一年的时间，却没有做出值得一提的业绩。朋友善意地提醒他："应该上进一点了，没有业绩是危险的。"

没想到，李洋竟然说："我是公司的功臣，而且这家公司离不了我李洋，老板不会把我怎么样的！"

他甚至在心里对自己说："高薪永远属于我，车子永远属于我，房子永远属于我，没有人可以夺去，因为没有人可以替代我。"

的确，公司很多工作都离不开李洋。然而，他的糟糕表现，还是让老板动了换人的念头。终于，在一个清晨，李洋开着车，和往日一样来到公司，优越感十足地迈着方步踱进办公室里，第一眼看到的却是一份辞退通知书。

他被辞退了，高薪没了，车子不得不还给公司。而且，他还从舒适的房子里搬了出来，不得不去租一间小得可怜、上厕所都不方便的小套间。

李洋以为自己不可替代，事实上，就在他被辞退的当天，公司又招聘了一位首席财务官。

在很多企业里，"功臣"都因为安于现状而失败。这些"功臣"们在失败到来时，常常埋怨老板"不念旧情、忘记过去"，却没有想过，自己只是昨天的"功臣"，而不是今天的。

要避免类似于李洋那样的遭遇，有两点是必须记住的。

第一，努力奋斗，不断改变自己的"现状"。

第二，过去的成绩只能属于过去。不管你是如何功勋卓著，当你不能为企业创造更多价值的时候，你就是一文不值的。老板不可能因为你昨天干得好，就把你一直养下去。

只有不断超越平庸，永远不安于现状，你才能在职场上永远处于不败之地。

不安于现状，是优秀经理人的基本素质，也是优秀员工的立身之本。任何企业所需要的，都是不断创新的人。那种必须推着才肯前进的人，肯定会被社会所淘汰。

职业人士要想在职业领域中大显身手、功成名就，就需要坚持不懈地追求卓越！

推销员乔晓做了一年半的业务，看到许多比他后进公司的人都晋升了，而且薪水也比他高许多，他百思不得其解，想想自己来了这么长时间了，客户也没少联系，薪水也还够自己开支，可就是没有大的订单。

有一天，乔晓像往常一样下班就打开电视若无其事地看起来，突然发现有一个频道在播专题采访专家，其主题是："如何使生命增值？"这引起了他的关注。

心理学专家回答记者说："我们无法控制生命的长度，但我们完全可以把握生命的深度！其实每个人都拥有超出自己想象10倍以上的力量。要使生命增值的唯一方法就是在职业领域中努力地追求卓越！"

乔晓听完这段话后，信心大增，他立即关掉电视，拿出纸和笔，严格地制订了半年内的工作计划，并落实到每一天的工作中……

2个月后，乔晓的业绩明显大增，9个月后，他已为公司赚取了2500万元的利润，年底他当上了公司的销售总监。

乔晓现已拥有了自己的公司。他每次培训员工时，都不忘记说："我相信你们会一天比一天更优秀，因为你们具有这个能力！"于是员工们信心倍增，公司的利润也飞速递增。

市场是无情的，只有最优秀的企业，才能够在市场上生存下来。老板要让企业优秀起来，就必须挑选最优秀的员工，那些只求合格的人，必然要被淘汰。有很多人，包括职员、公务员，甚至大学教授，都因为"只求合格"而丢了工作。

要成为最优秀的职员，要想从合格迈向卓越，就必须养成事事追求卓越的习惯。一位作家这样说过："无论做什么事情，都应该尽心尽力，一丝不苟，因为究竟什么才是真正的大局，什么才是最重要的，其实我们并不清楚。也许，在我们眼里微不足道的细节，实际上却可能生死攸关。"

有什么样的目标，就有什么样的人生；有什么样的追求，就能达到什么样的人生高度。在公司里，如果员工勤勤恳恳地工作，超越平庸，主动进取，就能取得职场上的成功，就会拥有精彩的人生。

追求卓越、拒绝平庸是职场人士必备的品质之一。不要满足于一般的工作表现，要做就做最好，要成为老板眼中不可缺少的人物。拿破仑曾鼓励士兵："不想当将军的士兵不是好士兵。"无论你从事何种职业，追求卓越都是你迈向成功的法宝。

把每一个细节做到完美

俗语说"一滴水可以折射整个太阳"，许多"大事"都是由微不足道的"小事"组成的。日常工作中同样如此，看似烦琐，不足挂齿的事情比比皆是。如果你对工作中的这些小事轻视怠慢，敷衍了事，到最后就会因"一着不慎"而失掉整盘棋。所以，每个员工在处理细节时，都应当重视。

有一位老教授说起过他的经历："在我多年来的教学实践中，发觉有许多在校时资质平凡的学生，他们的成绩大多是中等或中等偏下，没有特殊的天分，有的只是安分守己的诚实性格。这些孩子走上社会参加工作，不爱出风头，默默地奉献。他们平凡无奇，毕业之后，老师、同学都不太记得他们的名字和长相。但毕业几年、十几年后，他们却带着成功的事业回来看老师，而那些原本看来有美好前程的孩子，却一事无成。这是怎么回事？

"我常与同事一起琢磨，认为成功与在校成绩并没有什么必然的联系，但和踏实的性格密切相关。平凡的人比较务实，比较能自律，所以许多机会落在这种人身上。平凡的人如果加上勤能补拙的特质，成功之门必定会向他大方地敞开。"

人们都想做大事，而不愿意或者不屑于做小事，想做大事的人太多，而愿意把小事做好的人太少。事实上，随着经济的发展，专业化程度越来越高，社会分工越来越细，真正所谓的大事实在太少，比如，一台拖拉机，有五六千个零部件，要几十个工厂进行协作生产；一辆小汽车，有上万个零件，需上百家企业协作生产；一架波音747飞机，共有几百万个零部件，涉及的企业单位更多。

因此，多数人所做的工作还只是一些具体的事、琐碎的事、单调的事，它们也许过于平淡，也许鸡毛蒜皮，但这就是工作，是生活，是成就大事不可缺少的基础。所以无论做人、做事，都要注重细节，从小事做起。一个不愿做小事的人，是不可能成功的。老子就一直告诫人们："天下难事，必做于易；天下大事，必做于细。"要想比别人更优秀，只有在每一件小事上下功夫。不会做小事的人，也做不出大事来。

一个小小的细节，一件再小不过的事情，往往就蕴含着巨大的机遇和决定你一生成败的因素。而那些真正伟大的人物非常清楚这个道理，他们从来都不轻视日常生活中的各种小事情。即使常人认为很卑贱的事情，他们也都满腔热情地去干。

对于每一位职场中人，成功最重要的秘诀之一，就是去做别人不愿意做的小事。

不因小而失大，不因少而失多。抛弃大小的竞争，抛弃高下的念头，抛弃富贵的欲望，而一心一意从小事做起，就是洗厕所、扫大街，也会比别人打扫得更干净。

越是那种埋怨自己工作价值渺小的人，真正给他们一份棘手的工作时，他们越是退缩而不敢接受。认真观察你就会发现，那些成功者及伟人都是注意小事的人，因此不要看轻任何一个细小的历练，没有人可以一步登天。认真对待每一件事，你会发现自己的人生之路越来越广，成功的机遇也会接踵而来。

青春
加油站

古人云："不积跬步，无以至千里；不积小流，无以成江海。"说的就是要想成大事，必须从细节做起的道理。在工作中，关注细节，反映的是一种忠于职业、尽职尽责、一丝不苟、善始善终的职业道德和精神，其中也糅合了一种使命感和道德责任感。把每一件小事、每一个细节做到完美，这样，我们才能在工作中铸就自己的辉煌。

要么出众，要么出局

规划自己的职业生涯

社会的不断开放与发展，决定了我们的一生当中很有可能会从事多份不同的工作。也许每过几年就会换一次工作，或者是公司内部调动，或者跳槽到其他公司，或者干脆转行，这些情况都有可能发生。面对这么多的变化，你现在所掌握的知识和技能最终都会被时间淘汰。为了使自己不被淘汰，你必须不断学习新的知识和技能。

为了防患于未然，你应该经常问自己这样一个问题："我的下一份工作会是什么？"然后根据周围情况的变化和你现在工作的新需要，还有未来的潮流来决定你一年以后将从事什么工作，5年以后从事什么工作。

然后你可以这么问自己："我的下一份事业会是什么？"由于你所在的行业处于不断的变化之中，为了能够拥有成功而幸福的生活，你是否必须进入一个全新的领域？哪个领域最吸引你？如果你能在任何一个行业就业，你会选择哪个行业？

职业生涯设计的目的绝不只是协助个人达到和实现个人目标，更重要的是帮助个人真正了解自己，并进一步评估内外环境的优势、限制，在"衡外情，量己力"的情形下，设计出合理且可行的职业生涯发展方向。

作家贾平凹的职业生涯的最终定位就充分说明了这一点。他在上大学的时候，因为在校刊上发表了一首顺口溜，于是便开始努力写诗。两年之中写了上千首诗，却反应平平；接着，他写起古诗来，也不怎么样；后来，学写评论、散文、随笔，同样没有突出的成绩；当他的第一个短篇小说发表之后，他才意识到，这种文学形式才是最适合自己的，于是便一发而不可收了，写了大量的短篇小说，从而开始在中国文坛上崭露头角。

贾平凹的经历说明，每一个人不见得都能完全认识到自己的才能。"知己"如同"知彼"一样，绝非易事。正因为这样，每个人根据自身的特点，选择适合成才的目标，是要经过一番摸索、实践的。人无全才，各有所长，亦有所短。所谓发现自己，就是充分认识自己所长，扬长避短。如果你有自知之明，善于找到自己最擅长的工作，你就会获得成功。

找到一份工作，虽然意味着求职历程的结束，但却只是一个人职业生涯的开始。工作的目的并不仅仅是混口饭吃，因此求职者要坚决摒弃那种"随遇而安"的想法，必须在求职之初就为自己的职业生涯做好规划，这样才可能使你的人生更精彩。事实上，求职绝不是一个孤立的环节，它跟你的整个人生密切相关。对每一个人来说，职业生涯都有着不同的阶段，不同的阶段都会遇到不同的问题，这些问题就是职业生涯为了考验你而赋予你的任务。如何完成这些任务将关系到你职业生涯的发展方向，你未来的前途也将在不断的提出问题和解决问题的过程中，逐渐露出它清晰的面目。

在开始设计职业规划的周期性任务之前，每个人都必须对职场生命有一个清晰的认识，只有这样你才不至于在工作中感到无所适从。因此在这里我们引入了"职业周期阶段"这一概念，从而把每个人的职业生涯分成不同的周期和阶段。也就是说，你在实现职业生涯宏伟目标的过程中，将会经历不同的阶段。在这些周期阶段中，你将会面对一些清晰可见的任务，这些不同的阶段任务组成了你向职业生涯顶峰攀登的一条崎岖之路，它们也将决定你未来职业生涯的方向。

那么，如何规划你的职业蓝图呢？

1. 20岁~30岁，走好第一步

这一阶段的主要特征，是从学校走上工作岗位，是人生事业发展的起点。如何起步，直接关系到今后的成败。这一阶段的主要任务之一，就是选择职业。在充分做好自我分析和内外环境分析的基础上，选择适合自己的职业，设定人生目标，制订人

生计划。

2. 30岁~40岁，不可忽视修订目标

这个时期是一个人风华正茂之时，是充分展现自己的才能、获得晋升、事业得到迅速发展之时。此时的任务，除发奋图强、展示才能、拓展事业以外，对很多人来说，还有一个调整职业、修订目标的任务。人到30多岁时，应当对自己、对环境有更清楚的了解。看一看自己所选择的职业、所选择的人生路线、所确定的人生目标是否符合现实，如有出入，应尽快调整。

3. 40岁~50岁，及时充电

这一阶段，是人生的收获季节，也是事业上获得成功的人大显身手的时期。到了这个年龄仍一无所得、事业无成的人应深刻反省一下原因何在，重点在自己身上找原因，对环境因素也要做客观分析，切勿将一切原因都归咎于外界因素、他人。只有正确认识自己，找出客观原因，才能解决问题，把握今后的努力方向。此阶段的另一个任务是继续"充电"。

很多人在此阶段都会遇到知识更新问题，特别是近年来科学技术高速发展，知识更新的周期日趋缩短，如不及时充电，将难以满足工作需要，甚至影响事业的发展。

4. 50岁~60岁，做好晚年生涯规划

此阶段是人生的转折期，无论是在事业上继续发展，还是准备退休，都面临转折问题。由于医学的进步，生活水平的提高，很多人此时乃至以后的十几年，身体都很健康，可以照样工作，

所以做好晚年生涯规划十分重要。主要内容应包括以下几个方面：一是确定退休后的二三十年内，你准备干点什么事情，然后根据目标制订行动方案；二是学习退休后的工作技能，最好是在退休前 3 年开始着手学习；三是了解退休后再就业的有关政策；四是寻找退休后再就业的工作机会。

正如前面列出的职业生涯中的周期阶段、问题和任务中所见，职业生涯周期中每一个阶段的年龄范围都相当宽泛。不同职业的人经历这些阶段的速度不同，个人方面的因素还强烈地影响着职业生涯的运动速度。个人如何与何时穿越一个组织包含的等级和职能边界，将取决于组织的职业开发程序、个人才干和工作的动机，何时何处需要何种人的情境因素，以及其他难以预料的情况。因此，分析职业生涯的阶段时，最好把它们看作每个人都会以各种不同方式碰到的一系列范围广泛的共同问题，而不是谋求使它们与特定的年龄或其他生命阶段相符合。

青春加油站

欲想成就一番不平凡的事业，拥有一个成功的人生，必须要对自己的职业生涯有个合理规划。因为，只有这样你才会有一个坚定的目标，并且能够扬长避短，朝着这个目标努力前进。

绝对执行，不找任何借口

美国人常常讥笑那些随便找借口的人说："狗吃了你的作业。"借口是拖延的温床，习惯找借口的人总会找出一些借口来安慰自己，总想让自己轻松一些、舒服一些。这样的人，不可能成为称职的员工，要知道，老板安排你这个职位，是为了解决问题，而不是听你关于困难的分析。不论是失败了，还是做错了，再好的借口对于事情本身也是没有丝毫用处的。

许多人都可能会有这样的经历，清晨闹钟将你从睡梦中惊醒，你虽然知道该起床了，可就是躺在温暖的被窝里面不想起来——结果上班迟到，你会对上司说你的闹钟坏了。

又一次，你上班迟到，明明是你躺在被窝里面不起来，却说路上塞车。

……

糊弄工作的人是制造借口的专家，他们总能以种种借口来为自己开脱，只要能找借口，就毫不犹豫地去找。这种借口带来的唯一"好处"，就是让你不断地为自己去寻找借口，长此以往，你可能就会形成一种寻找借口的习惯，任由借口牵着你的鼻子走。这种习惯具有很大的破坏性，它使人丧失进取心，让自己松懈、退缩甚至放弃。在这种习惯的作用下，即使是自己做了不好

要么出众，要么出局

的事，你也会认为是理所当然的。

一旦养成找借口的习惯，你的工作就会拖拖拉拉，没有效率，做起事来就往往不诚实。这样的人不可能是好员工，他们也不可能有完美的人生。

罗斯是公司里的一位老员工了，以前专门负责跑业务，深得上司的器重。只是有一次，他把公司的一笔业务"丢"了，造成了一定的损失。事后，他很合情合理地解释了失去这笔业务的原因。那是因为他的脚伤发作，比竞争对手迟到半个钟头。以后，每当公司要他出去联系有点棘手的业务时，他总是以他的脚不行，不能胜任这项工作为借口而推诿。

罗斯的一只脚有点轻微的跛，那是一次出差途中一场车祸造成的，留下了一点后遗症，根本不影响他的形象，也不影响他的工作，如果不仔细看，是看不出来的。

第一次，上司比较理解他，原谅了他。罗斯很得意，他知道这是一项比较难办的业务，他庆幸自己很明智，如果没办好，那多丢面子啊。

但如果有比较好揽的业务时，他又跑到上司面前，说脚不行，要求在业务方面有所照顾，比如就易避难、趋近避远，如此种种，他大部分的时间和精力都花在如何寻找更合理的借口上。碰到难办的业务能推的就推，好办的差事能争就争。时间一长，他的业务成绩直线下滑，没有完成任务他就怪他的脚不争气。总之，他现在已习惯因脚的问题在公司里可以迟到，可以早退，甚至吃工作餐时，他还可以喝酒，因为喝点酒可以让他的脚舒服些。

现在的老板都是很精明的，有谁愿意要一个时时刻刻找借口的员工呢？罗斯被炒也是在情理之中的事。善于找借口的员工往往就像罗斯一样，因为糊弄自己的工作而"糊弄"了自己。

因此，要成功就不要找借口。不要害怕前进路上的种种困难，不要为自己的平庸寻找种种托词，也不要为自己的失败解释种种原因，抛开借口，勇往直前，你就能激发出巨大潜能，从而在前进的路上，披荆斩棘，直抵成功。

为什么美国海军陆战队要求"毫无保留地服从"？这是一个十分简单的道理。因为没有服从的精神，就没有纪律，没有纪律的军队就没有战斗力，有效地完成任务则更无从谈起。

如果你亲眼看到过美国海军陆战队的训练和生活，让你体会最深的可能莫过于"服从"二字。

长官一声令下，队员立即无条件执行——

滂沱大雨中，士兵照常训练，执行口令不得有丝毫懈怠；

没有长官的命令，行进路上的水洼沟壑好像根本就不存在；

新兵的第一次跳伞训练，每个人在机舱口都不得有一丝犹豫。

无论前面是生是死、是水是火，只要你是美国海军陆战队员，"毫无保留地服从"就是你的首要职责！

对于任何团体和组织，服从精神的重要性都不言而喻。职场中，我们的团队同样需要无条件地服从。对上级命令的服从，对

要么出众，要么出局

下达任务的服从，对公司利益的服从。我们的身边常常有这样或那样企图推卸责任或拒绝服从命令的情况发生，是服从还是敷衍，这样的选择经常在一个人心头徘徊：

"这件事我不大清楚，请你问问别人。"

"老板，我星期六有事，您看看还有没有其他人选。"

"对不起，星期五下午我们不处理类似事务。"

"这个我不会。"

"学校里没教过这个。"

……

工作中，服从不仅是对上级命令的贯彻，它更多地表现为对工作积极接受的态度，意味着一个人具有不逃避责任、热情投入以及牺牲的精神。它常常在我们的生活中以另一种姿态出现，那就是"敬业"。

林红是一名保险公司的从业人员，她是大区仅有的6个顶级会员之一。当别人问起她成功的经验时，她说："我曾是一名军人，客户的需求就是命令。对

于每一项命令，我都会全力以赴，不计代价地完成，因为服从命令是我的习惯。"

服从命令的习惯不仅能让个人变得敬业，还能强化整个团队的工作能力。试想，如果团队中的每个人都具有完全的服从精神，对每项任务都认认真真去完成，谁又能不兢兢业业、竭尽所能？团队有如一部联动机，当所有的部件都能忠实履行自己的职责时，整个机器才能运转自如，而当各个部件都有超常表现时，整个机器的性能就会成倍地提高。

相反，各自为政不仅会毁掉个人的前途，也会腐蚀掉整个团队的战斗力。对分配的工作百般推脱的员工只会令老板徒增烦恼，更不可能被委以重任。同样，没有服从精神的团队，必定是一盘散沙。

在执行中，对命令的尊重与服从是至关重要的。命令是贯穿整个行动计划的关键，只有每个成员都能坚决服从命令并完成自身的任务，才能保证整体行动的顺利进行。

青春
加油站 | 对于在同样的公司、做同样的工作的不同员工来说，为什么有人一路擢升、青云直上，有人却每况愈下、越发窘迫呢？虽然每个人成功的因素各不相同，但大多数成功人士都有一个共同的特点：他们从不为自己的工作寻找借口。

只为成功找方法，不为问题找借口

制造托词来解释失败，这已是世界性的问题。这种习惯与人类的历史一样古老，是成功的致命伤！制造借口是人类本能的习惯，这种习惯是难以打破的。柏拉图说过："征服自己是最大的胜利，被自己所征服是最大的耻辱和邪恶。"

顾凯在担任一家公司销售经理期间，曾面临一种极为尴尬的情况：该公司的财务发生了困难。这件事被销售人员知道了，并因此失去了工作的热忱，销售量开始下跌。到后来，情况更为严重，销售部门不得不召集全体销售员开一次大会。全国各地的销售员皆被召去参加这次会议，顾凯主持了这次会议。

首先，他请手下最佳的几位销售员站起来，要他们说明销售量为何会下跌。这些被叫到名字的销售员一一站起来以后，每个人都有一段令人震惊的悲惨故事要向大家倾诉：商业不景气、资金缺少、物价上涨等。

当第五个销售员开始列举使他无法完成销售额的种种困难时，顾凯突然跳到一张桌子上，高举双手，要求大家肃静。然后，他说道："停止，我命令大会暂停10分钟，让我把我的皮鞋擦亮。"

然后，他让坐在附近的一名小工友把他的擦鞋工具箱拿来，并要求这名工友把他的皮鞋擦亮，而他就站在桌子上不动。

在场的销售员都惊呆了，他们中有些人以为顾凯发疯了，人们开始窃窃私语。这时，只见那位小工友先擦亮他的第一只鞋子，然后又擦另一只鞋子，他不慌不忙地擦着，表现出第一流的擦鞋技巧。

皮鞋擦亮之后，顾凯给了小工友1元钱，然后发表他的演说。

他说："我希望你们每个人，好好看看这个小工友。他拥有在我们整个工厂及办公室内擦鞋的特权。他的前任的年纪比他大得多，尽管公司每周补贴他200元的薪水，而且工厂里有数千名员工，但他仍然无法从这个公司赚取足以维持他生活的费用。

"可是这位小工友不仅不需要公司补贴薪水，还可以赚到相当不错的收入，每周还可以存下一点钱来。他和他的前任的工作环境完全相同，也在同一家工厂内，工作的对象也完全相同。

"现在我问你们一个问题，那个前任拉不到更多的生意，是谁的错？是他的错，还是顾客的？"

那些推销员不约而同地大声说：

"当然了，是那个前任的错。"

"正是如此。"顾凯回答说，"现在我要告诉你们，你们现在推销的产品和一年前的情况完全相同：同样的地区、同样的对象以及同样的商业条件。但是，你们的销售成绩却比不上一年前。这是谁的错？是你们的错，还是顾客的错？"

　　同样又传来如雷般的回答：

　　"当然，是我们的错。"

　　"我很高兴，你们能坦率地承认自己的错误。"顾凯继续说，"我现在要告诉你们。你们的错误在于，你们听到了有关本公司财务发生困难的谣言，这影响了你们的工作热情，因此，你们不像以前那般努力了。只要你们回到自己的销售地区，并保证在以后30天内，每人卖出5台产品，那么，本公司就不会再发生什么财务危机了。你们愿意这样做

肯定是
空气不好.
坏我苗子！

吗？"

大家都说"愿意"，后来果然也办到了。那些他们曾强调的种种借口，如商业不景气、资金缺少、物价上涨等，仿佛根本不存在似的，统统消失了。

卓越的必定是重视找方法的人。在他们的世界里不存在借口这个字眼，他们相信凡事必有方法去解决，而且能够解决得最完美。事实也一再证明，看似极其困难的事情，只要用心寻找解决方法，就必定会成功。真正杰出的人只为成功找方法，不为问题找借口，因为他们懂得，寻找借口只会使问题变得更棘手、更难以解决。

青春加油站

看似极其困难的事情，只要用心寻找方法，必定会成功。真正杰出的人只为成功找方法，不为问题找借口，因为他们懂得，寻找借口只会使问题变得更棘手、更难以解决。

第七章

人生总会有办法：思路决定出路

问题

走出囚禁思维的栅栏

世界上没有两片完全相同的树叶，同样，世界上也没有两个完全相同的人。每个人自身的独特性，形成其别具一格的思维方式，每个人都可以走出一条与众不同的发展道路来。但保持个性的同时，也应追求突破创新，否则，你将陷入自身思路的"圈套"中。

每个人都会有"自身携带的栅栏"，若能及时地从中走出来，实在是一种可贵的警醒。独一无二的创新精神，勇于进取，绝不自损、自贬，在学习生活中勇于独立思考，在日常生活中善于创新，在职业生活中精于自主创新，正是能够从自我囚禁的"栅栏"里走出来的鲜明标志。形成创造力自囚的"栅栏"，通常有其内在的原因，是由于思维的知觉性障碍、判断力障碍以及常规思维的惯性障碍所导致的。知觉是接受信息的通道，知觉的领域狭窄，通道自然受阻，创造力也就无从激发。这条通道要保持通畅，才能使信息流丰盈、多样，使新信息、新知识的获得成为可能，使得信息检索能力得到锻炼，不断增长其敏锐的接收能力、详略适当的筛选能力和信息精化的提炼能力，这是形成创新心态的重要前提。判断性障碍大多产生于心理偏见和观念偏离。要使判断恢复客观，首先需要矫正心理，使之采取开放的态度，注意事物自身的特性而不囿于固有的见解或观念。
这在新事物迅猛增涨、新知识快速增加的当今时代，尤其值得重视。

　　要从自囚的"栅栏"里走出来，还创造力以自由，首先就要还思维以自由，突破常规思维。在此基础上，对日常生活保持开放的、积极的心态，对创新世界的人与事，持平视的、平等的姿态，对创造活动，持成败皆为收获、过程才最重要的心态，这样，我们将有望形成十分有利于创新生涯的心理素质，并且能及时克服内在的消极因素。

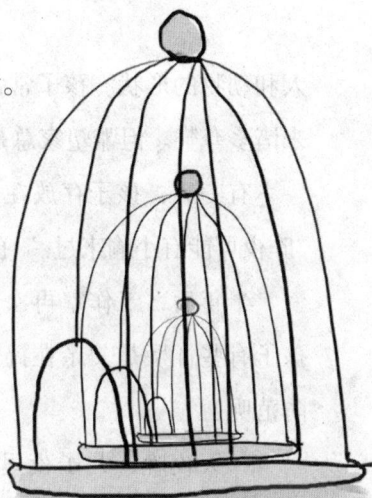

　　一位雕塑家有一个12岁的儿子。儿子要爸爸给他做几件玩具，雕塑家只是慈祥地笑笑，说："你自己不能动手试试吗？"

　　为了制作自己的玩具，孩子开始注意父亲的工作，常常站在大台边观看父亲运用各种工具，然后模仿着制作玩具。父亲也从来不向他讲解什么，任凭他随意发挥。

　　一年后，孩子初步掌握了一些制作方法，玩具造得颇为像样。这时，父亲偶尔会指点一二。但孩子脾气倔，从来不将父亲的话当回事，我行我素，自得其乐。父亲也不生气。

　　又一年，孩子的技艺显著提高，可以随心所欲地摆弄出各种人和动物的形状。孩子常常将自己的"杰作"展示给别人看，引来诸多夸赞。但雕塑家总是淡淡地笑，并不在乎。

有一天，孩子存放在工作室的玩具全部不翼而飞，父亲说："昨夜可能有小偷来过。"孩子没办法，只得重新制作。

半年后，工作室再次被盗。又过了半年，工作室又失窃了。孩子有些怀疑是父亲在捣鬼：为什么从不见父亲为失窃而吃惊、防范呢？

一天夜晚，儿子夜里没睡着，见工作室灯亮着，便溜到窗边窥视，只见父亲背着手，在雕塑作品前踱步、观看。好一会儿，父亲仿佛做出某种决定，一转身，拾起斧子，将自己大部分作品打得稀巴烂！接着，父亲将这些碎土块堆到一起，放上水重新混合成泥巴。孩子疑惑地站在窗外。这时，他又看见父亲走到他的那批小玩具前！父亲拿起每件玩具端详片刻，然后，将儿子所有的自制玩具扔到泥堆里搅和起来！当父亲回头的时候，儿子已站在他身后，瞪着愤怒的眼睛。父亲有些羞愧，吞吞吐吐道："我……是……哦……是因为，只有砸烂较差的，我们才能创造更好的。"

10年之后，父亲和儿子的作品多次同获国内外大奖。

父亲不愧是位雕塑家，他不但深谙雕塑艺术品的精髓，更懂得如何雕塑儿子的"灵魂"。每一个渴望成功的人都必须谨记：只有不断突破自我，超越以往，你才能开创出更美好、更辉煌的人生来。

　　成功的人往往是一些不那么"安分守己"的人，他们绝对不会因取得一些小小的成绩而沾沾自喜，获得一点小成功就停下继续前行的脚步。因此，只有突破旧我，才能获得又一次的蜕变，人生才会呈现更好的局面。

放弃无谓的执着

　　执着是一种好的品质，但有的时候并不一定是好事。无论是做人，还是做事，都要学会创新。因为，只有创新才会找到方法，才会获得一条捷径。

　　创新，就是以变化自己为途径，通向成功。哲学家讲："你改变不了过去，但你可以改变现在；你想要改变环境，就必须改变自己。"

　　种子落在土里长成树苗后最好不要轻易移动，一动就很难成活。而人就不同了，人有脑子，遇到了问题可以灵活地处理，这个方法不成就换另一个方法，总有一个方法能行。做人做事要学会创新，不能太死板，要具体问题具体分析。前面已经是悬崖了，难道你还要跳下去吗？不要被经验束缚了头脑，要冲出惯性思维的樊篱。执着很重要，但盲目的执着是不可取的。

俗话说："变则通，通则久。"所以在生活中，人应该学着变通，不能死钻牛角尖，此路不通就换条路，千万不能一条路走到黑，生活不是一成不变的，人也应该求新求变。

记载商鞅思想言论的《商君书》中有一段名言，大意是："聪明的人创造法度，而愚昧的人受法度的制裁；贤人改革礼制，而庸人受礼制的约束。"圣人创造"规矩"，开创未来，常人遵从"规矩"，重复历史。为什么孔子是圣人，而他的三千弟子不是？原因就在于思想是否解放，是否敢于创新，敢于自主地、实事求是地思考分析问题。

许多成功人士一生不败，关键就在于用了为人处世的创新之道，进退之时，俯仰之间，都超人一等，让他人佩服，以之为师。

学会为人处世的创新之道不是"空头支票"，而是决定你能否从人群中脱颖而出的第一关键；凡不知为人处世的创新之道者，一定会在许多重要时刻碰得头破血流，跌入失败之境地。

在生活和工作中，当我们遇到障碍，经过努力仍然没有进展的时候，就要想想，是不是可以从其他角度来解决这一问题。换个角度去思考问题，往往能将你带到一个柳暗花明的新境界。在面对问题时，不能只是盲目地执着，也不能只从问题的直观角度去思考，要不断挖掘自己的潜力，从不同的角度寻找解决问题的办法，这样往往就会出现新的转机。

下面的这个故事就说明了这个道理。

　　杨亮是一家大公司的高级主管，他面临一个两难的境地。一方面，他非常喜欢自己的工作，也很喜欢工作带来的丰厚薪水。但是，另一方面，他非常讨厌他的上司，经过多年的忍受，他发觉已经到了忍无可忍的地步了。在经过慎重思考之后，他决定去猎头公司重新谋求一个高级主管的职位。猎头公司告诉他，以他的条件，再找一个类似的职位并不费劲。

　　回到家中，杨亮把这一切告诉了他的妻子。他的妻子是一个教师，那天刚刚教完学生如何重新界定问题，也就是把你正在

面对的问题换一个角度考虑，把正在面对的问题完全颠倒过来看——不仅要跟你以往看问题的角度不同，也要和其他人看问题的角度不同。她把上课的内容讲给了杨亮听，杨亮听了妻子的话后，一个大胆的主意在他脑中浮现了。

第二天，他又来到猎头公司，这次他是请猎头公司替他的上司找工作。不久，杨亮的上司接到了猎头公司打来的电话，请他去别的公司高就，尽管他完全不知道这是他的下属和猎头公司共同努力的结果，但正好这位上司对于自己现在的工作也厌倦了，所以没有考虑多久，他就接受了这份新工作。

这件事最奇妙的地方，就在于上司接受了新的工作，结果他目前的位置就空出来了。杨亮申请了这个位置，于是他就坐上了以前他上司的位置。

在这个故事中，杨亮本意是想替自己找份新工作，以躲开令自己讨厌的上司。但他的妻子让他懂得了如何从不同的角度考虑问题，结果，他不仅仍然干着自己喜欢的工作，而且摆脱了令自己无法忍受的上司，还得到了意外的升迁。

作为有理想、有抱负的现代人，我们应努力培养自己突破创新的能力。俗话说："穷则变，变则通。"当某条路走不通时，不要再一味"坚持"，而要变换思路，换个角度去思考。这个世界上，没有什么东西是永远静止不前的，我们要学会创新，才能跟上时代的步伐。

要么出众，要么出局

> 在面对问题时，不能只是盲目地执着，也不能只从问题的直观角度去思考，要不断挖掘自己的潜力，从不同的角度寻找解决问题的办法，这样往往就会出现新的转机。

甩掉"金科玉律"的束缚

我们从小就会被教导不能做这，不能做那，久而久之就形成了一种固定的观念。这些观念成了我们行走社会的"金科玉律"，它们让我们少受挫折的同时，也常常阻碍着我们去开拓新的人生格局。这些观念禁锢着我们的大脑，侵蚀着我们的潜能。因此，要改变命运，我们就得先从改变观念开始。

大家都记得这句金科玉律："想要别人怎样对待你，就先怎样对待别人。"这可能是一句大家从小就学到，且会拿来教导孩子的至理名言。

遗憾的是，若把这句名言应用到组织问题上，问题可就大了。

这句金科玉律的假定是，你喜欢的对待方式会跟其他人喜欢的对待方式一样。这就是"先怎样对待别人"的立论。把这种观点应用在解决组织问题时，就等于是说在协调冲突、决策和搜集信息上，你会跟大家的看法一致。

很多人把这句名言当成个人生活的策略。我们也这样处理周遭发生的事。但把这句名言当成策略，很可能会陷入本位主义的泥潭。因为这句名言假定，自己的看法就是他人的看法。因此，自己所想的，就是适当、正确的。如果你就是在这种金科玉律教导下长大的，难免会养成这种思考逻辑。不过，如果你以不同的观点思考，就能开启许多前所未有的成功之门。

我们被自己对世界的偏见所蒙蔽，看不到个人见解的可笑和荒谬。这种狭隘的观念，直接影响了我们在处理变革引起的差异时，采取的决策和行动。

要真正有效处理变革所引起的差异，就得具备求同存异的能力，适时从别人的观点和立场来看事情。要这么做就必须把先前的金科玉律改变一下，换成新版的："以别人想被对待的方式对待他们。"其实，只要观念上稍微调整一下，变革的成效就会有天壤之别的。

在我们生活的世界上，存在着各种各样的"应该""必须"等条条框框，它们编织了一个很大的误区，将现实生活中的人们网罗其中，而我们很多人往往习以为常、不假思索地照"章"行事。

我们每个人都生活在社会群体中，因此，我们不可能是一个完全孤立的个体，我们的思想和行为可能时时受到世俗的约束与制约。对于这些规则和方针，你也许不以为然，但同时又无法摆脱束缚，无法确定自己应该遵循哪些规则和方针。

任何事物都不是绝对的。任何规则或法律都不能保证在各种场合均能适用，或取得最佳效果。相比之下，具体情况具体分析应成为我们生活和行事的准则。然而，你可能会发现，违反一条不适用的规定，或打破一种荒谬的传统却很困难，甚至不可能。顺应社会潮流有时的确不失为一种生存的手段，然而如果走向极端，这也会成为一种神经过敏症。在某些情况下，按条条框框办事甚至会使你情绪低落、忧心忡忡。

林肯曾经说过："我从来不为自己确定永远适用的政策。我只是在每一具体时刻争取做最合乎情理的事情。"他没有使自己成为某项具体政策的奴隶，即使对于普遍性政策，他也并不强求在各种情况下都加以实施。

如果一种规定或规矩妨碍了人们的精神健康，阻碍人们积极生活，它就是不健康的。如果你知道这种规矩是消极而令人讨厌的，而你又一直遵守，那你就陷入了人生的另一种误区——你

放弃了自我选择的自由，让外界因素控制了自己。生活中有两种人，即外界控制型与内在控制型。认真分析一下自己属于哪种类型，这将有助于你进一步审视自己生活中的大量误区性条条框框。

你或许觉得自己在很多事情上难以做出决定，甚至在小事上也是如此。这是习惯于以是非标准衡量事物的直接后果。如果你在做某些决定时，能抛开一些僵化的是非观念，而不顾忌什么是是非非，你将轻而易举地做出自己的决定。如果你在报考大学时竭力要做出正确的选择，则很可能不知所措，即使做出决定后，也还会担心自己的选择可能是错误的。因此，你可以这样改变自己的思维方法："所谓最好、最合适的大学是不存在的，每一所大学都有其利与弊。"这种选择谈不上对与错，仅仅是各有不同而已。

衡量是否更适合生活的标准并不在于能否做出正确的选择。你在做出选择之后，控制情感的能力则更为明确地反映出自我抑制能力，因为一种所谓正确的标准包含着我们前面谈到的"条条框框"，而你应当努力打破这些条条框框。这里提出的新的思维方法将在两个方面对你有所帮助：一方面，你将完全摆脱那些毫无意义的"应该"标准；另一方面，在消除了是非观念误区之后，你便能够更加果断地做出各种决定。

生活是不断变化的，观念也要不断地更新。无数的事实告诉我们，成功的喜悦总是属于那些思路常新、不落俗套的人。因

要么出众，要么出局

此，想别人所不敢想，做别人所不敢做，往往会为我们创造意想不到的机遇。

在我们生活的世界中，存在着各种各样的"应该""必须"等条条框框，它们编织了一个很大的误区，将现实生活中的人们网罗其中，而我们很多人往往习以为常、不假思索地照"章"行事。

不断创新，成功就会来临

一个没有创新能力的人是可悲的人，一个没有创新意识的人是缺少希望的人。一个人若想改变当前的境遇，必须不断创新。只有锐意创新，成功才会降临到你头上。

日本有一家从事高脑力劳动的公司。公司上层发现员工一个个萎靡不振，面色憔悴。经咨询多位专家后，他们采纳了一个简单而别致的治疗方法——在公司后院中用圆润光滑的800个小石子铺成一条石子小道。每天上午和下午分别抽出15分钟时间，让员工脱掉鞋在石子小道上随意行走散步。起初，员工们觉得很好笑，更有许多人觉得在众人面前赤足很难为情，但时间一久，人们便发现了它的好处，原来这是极具医学原理的物理疗法，起到了一种按摩的作用。

　　一个年轻人看了这则故事，便开始着手做生意。他请专业人士指点，选取了一种略带弹性的塑胶垫，将其截成长方形，然后带着它回到老家。老家的小河滩上全是光洁漂亮的小石子。在石料厂将这些拣选好的小石子一分为二，一粒粒稀疏有致地粘满胶垫，干透后，他自己先反复试验感觉，反复修改了好几次后，确定了样品，然后就在家乡批量生产。后来，他又把它们分为好几种规格，产品一生产出来，他便尽快将产品鉴定书等手续一应办

要么出众，要么出局

齐，然后在一周之内就把能代销的商店全部摆上了货。将产品送进商店只完成了销售工作的一半，另一半则是要把这些产品送到顾客手里。随后的半个月内，他每天都派人去做免费推介员。商店的代销稳定后，他又添加了一项上门服务：为大型公司在后院中铺设石子小道；为幼儿园、小学在操场边铺设石子乐园；为家庭装铺室内石子过道、石子浴室地板、石子健身阳台等。一块本不起眼的地方，一经装饰便成了一块小小的乐园。

紧接着，他将单一的石子变换为多种多样的材料，如七彩的塑料、珍贵的玉石，以满足不同人的需要。

小小的石子就此铺就了一个人的成功之路。

不要担心自己没有创新能力，慧能和尚说："下下人有上上智。"创新能力与其他能力一样，是可以通过教育、训练而激发出来并在实践中不断得到提高的。它是人类共有的可开发的财富，是取之不尽，用之不竭的"能源"，并非为哪个人、哪个民族、哪个国家所专有。

因此，人人都能创新。

你现在需要做的就是不断激发自己的创新能力，多一些想法，多一些创造。那么成功迟早会来临。

培养创新能力要克服创新障碍，更要懂得方法。该如何培养创新能力呢？下面的4个步骤将给你提供帮助。

1. 全面深入地探讨创新环境

创新不是在真空中产生，而是来自艰苦的工作、学习和实践。如果你正为一项工作绞尽脑汁，想在某个具体的问题上有所建树，那么，你需要全身心地投入到这项工作中，对其关键的问题和环节做深入的了解，对这项工作进行批判的思考，通过与他人讨论来搜集各种各样的观点，思考你自己在这个领域的经验。总之，要全面深入地探讨创新环境，为创新准备"土壤"。

2. 让脑力资源处于最佳状态

在对创新环境有了全面的认识之后，就可以把你的精力放到手头的工作上来了。要为你的工作专门腾出一些时间，这样你就能不受干扰，专注于你的工作了。当人们专注于创新这个阶段时，他们一般就完全意识不到发生在他们周围的事，也没有了时间的概念。当你的思维处于这种最理想的状态时，你就会竭尽全力地做好你的工作，挖掘以前尚未开发的脑力资源———一种深入的、"大脑处于最佳工作状态"的创新思路。

让脑力资源处于最佳状态，对于"思想做好准备"是很必要的，我们可以通过以下几种方式来做到让脑力资源处于最佳状态：

（1）调节。当我们进入教堂，我们就会使自己适应这里的气氛，表现出专注和认真，你可以用同样的方式来调节你在学习环境中的注意力，在选择学习环境时，要考虑到它是否有利于你专心学习。

（2）心理习惯。每个人都具有大量的习惯性的行为，有的行为是积极的，有的则是消极的，大多数则居于两者之间。学习需要全身心地集中和投入精力，这意味着你要改掉影响全身心投入的坏习惯，如同时总想做好几件事，或用有限的时间去完成很重要的任务。同时，要使脑力资源处于最佳状态，还包括要养成新的心理习惯：找一个合适的地方，调配足够的时间，以及进行认真的和有创意的思考。这些新的习惯可能需要你付出更大的努力，耗费更多的心血，但是，这些行为很快就会成为你本能的一部分。

（3）冥想。大脑充斥着思想、感情、记忆、计划——所有这一切都在竞争，想引起你的注意。在你整日沉浸于来自方方面面的刺激，需要从身心上做出反应时，这种大脑"吵架"的现象更为严重。为了专注于创新，你需要净化和清理你的大脑。做到这一点的一个有效的方法就是做冥想练习。

3.运用技巧促使新思维产生

创新的思考要求你的大脑松弛下来，在不同的事情之间寻找联系，从而产生不同寻常的可能性。为了把自己调整到创新的状态上来，你必须从你熟悉的思考模式，以及对某事的固定成见中摆脱出来。为了用新的观点看问题，你必须能打破看问题的习惯方式。为了避免习惯的束缚，你可以用以下几种技巧来活跃你的思维。

（1）群策攻关法。群策攻关法是艾利克斯·奥斯伯恩于1963年提出的一种方法：与他人一起工作从而产生独特的思想，并创造性地解决问题。在一个典型的群策攻关期间，一般是一组人在一起工作，在一个特定的时间内提出尽可能多的思想。提出了思想和观点以后，并不对它们进行判断和评价，因为这样做会抑制思想自由地流动，阻碍人们提出建议。批判的评价可推迟到后一个阶段。应鼓励人们在创造性地思考时，善于借鉴他人的观点，因为创造性的观点往往是多种思想交互作用的结果。你也可以通过运用思想无意识的流动，以及大脑自然的联想力，来迸发出你自己的思想火花。

（2）创造"大脑图"。"大脑图"是一个具有多种用途的工具，它既可用来提出观点，也可用来表示不同观点之间的多种联系。你可以这样来开始你的"大脑图"：在一张纸的中间写下你主要的专题，然后记录下所有与这个专题有联系的观点，并用连线把它们连起来。让你的大脑跟随这种建立联系的活动自由地运转。你应该尽可能快地思考，不要担心次序或结构，让其自然地呈现出结构，要反映出大脑自然地建立联系和组织信息的方式。一旦完成了这个过程，你就能很容易地在新的信息和不断加深理解的基础上，修改其结构或组织。

4. 留出充裕的酝酿时间

把精力专注于你的工作任务之后，创新的下一个阶段就是停止工作，为创新思想留出酝酿时间。虽然你的大脑已经停止了积极的活动，但是，它仍在继续运转——处理信息，使信息条理化，最终产生创新的思想和办法。这个过程就是大家都知道的"酝酿成熟"的阶段，因为它反映了创新思维的诞生过程。当你在从事你的工作时，进行创新的大脑仍在运转着，直到豁然开朗的那一刻，酝酿成熟的思想最终会喷薄而出，出现在你大脑的意识层。最常见的情况是这样的，当参加一些与某项工作完全无关的活动时，这个豁然开朗的时刻常常会来临。

创新并不神秘，但它的力量却异常的强大和神奇。为了在现代竞争中占据一席之地，不断创新是唯一的出路。

青春
加油站

一个没有创新能力的人是可悲的人，一个没有创新意识的人是缺少希望的人。一个人若想改变当前的境遇，必须不断创新。只有锐意创新，成功才会降临到你头上。

没有笨死的牛，只有愚死的汉

俗话说："山不转，路转；路不转，人转。"我国古书《易经》也说："穷则变，变则通。"的确，天无绝人之路，遇到问题时，只要肯找方法，总会解决问题、取得成功的。

人们都渴望成功，那么，成功有没有秘诀？其实，成功的一个很重要的秘诀就是寻找解决问题的方法。俗话说："没有笨死的牛，只有愚死的汉。"任何成功者都不是天生的，只要你积极地开动脑筋，寻找方法，终会"守得云开见月明"。

世间没有死胡同，就看你如何寻找方法，寻找出路。且看下面这个故事是如何打破人们心中"愚"的瓶颈，从而找到自己成功的出路。

当你驾车驶在路上，眼看就要到达目的地了，这时车前突然出现一块警示牌，上书 4 个大字："此路不通！"这时你会怎么办？

有人选择仍走这条路过去，大有不撞南墙不回头之势。结果可想而知，已言明"此路不通"，那个人只能在碰了钉子后灰溜溜地调转车头返回。这种人在工作中常常因"一根筋"思想而多次碰壁，空耗了时间和精力，却无法将工作效率提高一丁点儿，结果做了许多无用功。

有人选择停车观望，不再向前走，因为"此路不通"，却也不调头，或者是认为自己已经走了这么远，再回头心有不甘且尚存侥幸心理，若我掉头走后此路又通了，岂不是亏了；或者是想如果回头了其他的路也不通怎么办？结果停车良久也未能前进一步。这种人在工作中常常会因懦弱和优柔寡断而丧失机会，业绩没有进展不说，还会留下无尽的遗憾。

还有另一类人，他们会毫不犹豫地调转车头，去寻找另外一条路。也许会再次碰壁，但他们仍会不断地进行尝试，直到找到那条可以到达目的地的路。这种人是工作中真正的勇者与智者，他们懂得变通，直到寻找到解决问题的办法，并且往往能够取得不错的业绩。

A 地由于一些工厂排放污水，使很多河流污染严重，以至于下游居民的正常生活受到了威胁，环保部门联合有关当局决定寻找解决问题的办法。他们考虑对排污工厂进行罚款，但罚款之后污水仍会排到河流中，不能从根本上解决问题。有人建议强令排污工厂在厂内设置污水处理设备。本以为问题可以得到彻底解决，但之后发现污水仍不断地排到河流中。而且，有些工厂为了掩人耳目，对排污管道乔装打扮，从外面不能看到破绽，可污水却一刻不停地在流。

之后，当地有关部门立刻转变方法，采用著名思维学家德·波诺提出的设想：立一项规定——工厂的水源输入口，必须建立在它自身污水输出口的下游。

看起来是个匪夷所思的想法，经事实证明却是个好方法。它能够有效地促使工厂进行自律：假如自己排出的是污水，输入的也将是污水，这样一来，工厂能不采取措施净化输出的污水吗？

面对问题，成功者总是比别人多想一点，老王就是这样的人。

老王是当地颇有名的水果大王，尤其是他的高原苹果，色泽红润，味道甜美，供不应求。有一年，一场突如其来的冰雹把将要采摘的苹果砸出了许多伤口，这无疑是一场毁灭性的灾难。然而面对这样的问题，老王没有坐以待毙，而是积极地寻找解决这一问题的方法，不久，他便打出了这样的一则广告，并将之贴满了大街小巷。

广告上这样写道："亲爱的顾客，你们注意到了吗？在我们的脸上有一道道伤疤，这是上天馈赠给我们高原苹果的吻痕——高原常有冰雹，只有高原苹果才有美丽的吻痕。味美香甜是我们独特的风味，那么请记住我们的正宗商标——伤疤！"

从苹果的角度出发，让苹果说话，这则妙不可言的广告再一次使老王的苹果供不应求。

世上无难事，只怕有心人。真正杰出的人，都富有积极的开拓和创新精神，他们绝不会在没有努力的情况下，就找借口逃避。条件再难，他们也会创造解决的条件；希望再渺茫，他们也会找出许多办法去寻找希望。因为他们相信，没有笨死的牛，只有愚死的汉。只要积极开动脑筋，寻找方法，总能找到解决之道，走出困境。

青春加油站

世上无难事，只怕有心人。面对问题，如果你只是沮丧地待在屋子里，便会有禁锢的感觉，自然找不到解决问题的正确方法。如果将你的心锁打开，开动脑筋，勇敢地打破自己固定思维的枷锁，你将收获很多。

要么出众，要么出局

方法是解决问题的敲门砖

拿破仑·希尔曾说："你对了，整个世界就对了。"当你的工作或生活出现问题的时候，换一种方法，换一种思路，就会豁然开朗，因为，方法是完美地解决问题的敲门砖，方法对了，一切问题就能够迎刃而解。

日本的火箭研制成功后，科学家选定 A 海岛做发射基地。经过长期准备，进入可以实际发射的阶段时，A 岛的居民却群起反对火箭在此发射。于是全体技术人员总动员，反复地与岛上居民谈判、沟通以求得他们的理解。可是，交涉却一直处于泥淖状态，虽然最后终于说服了岛上的居民，可是前后却花费了 3 年的时间。

后来他们重新检讨这件事情时，发现火箭的发射基地并不是非 A 岛不可。当时只要把火箭运到别的地方，那么，3 年前早就完成发射了。可是，此前却从来没有人发现这个问题。当时他们太执着于如何说服岛民这个问题，所以才连"换个地方"这么简单而容易的方法都没有想到。

在我们的工作和生活中，类似的例子屡见不鲜。销售经理经常对业务受挫的推销员说："再多跑几家客户！"上司常对拼命工作的下属说："再努力一些！"但是这些建议都有一个漏洞。就像有人曾经问一位高尔夫球高手："我是不是要多做练习？"高尔夫球高手却回答道："不，如果你不先把挥杆的要领掌握好，再多的练习也没用。"

一个人之所以成功，很多时候并不是看他是否勤奋和努力，更多时候是看他能不能迅速地找到解决问题最简单的方法。

美国前总统罗斯福在参加总统竞选时，竞选办公室为他制作了一本宣传册，在这本册子里有罗斯福总统的相片和一些竞选信息，而且要马上将这些宣传册印刷出来。可就在要分发这些宣传册的前两天，突然传来消息说这本宣传册中的一张照片的版权出现了问题，他们无权使用，这张照片归某家照相馆所有。时间已经来不及了，可如果这样分发下去，将意味着一笔巨大的版权索赔费用。

一般情况下的做法是派人去这家照相馆协调，以最低的价格买下这张照片的版权。可是竞选办公室并没有这样做，他们通知该照相馆：总统竞选办公室将在他们制作的宣传册中放一张罗斯福总统的照片，贵照相馆的一张照片也在备选之列。由于有好几家照相馆都在候选名单中，所以竞选办公室决定借此机会进行拍卖，出价最高的照相馆会得到这次机会。如果贵馆感兴趣的话，可以在收到信后的两天内将投标寄出，否则将丧失竞价的机会。

很快竞选办公室就收到这家照相馆的竞标和支票。这本来是一个应向对方付费的问题，由于找到了合适的方法，却变为对方付费的问题！运用正确的方法，竞选办公室不仅解决了问题，而且还把问题变成了机会。法国物理学家朗之万在总结读书的经验

　　　　　　要么出众，要么出局

与教训时深有体会地说："方法得当与否往往会主宰整个读书过程，它能将你托到成功的彼岸，也能将你拉入失败的深谷。"

英国著名的美学家博克说："有了正确的方法，你就能在茫茫的书海中采撷到斑斓多姿的贝壳。否则，就会像瞎子一样在黑暗中摸索一番之后仍然空手而回。"

这些话中所包含的道理并非仅仅指读书，在生活中许多时候，方法都是十分重要的。面对一个难题时，我们不仅需要良好的态度和精神，需要刻苦和勤奋，而且需要掌握科学的解决方法。

许多成功者，他们都有一个共同的特点——开动脑筋，寻找方法。因为他们知道，在这个世界上，唯有方法，才是完美解决问题的敲门砖。逃避问题的投机取巧者无法成功，不去寻找方法的偷懒者更是永远没有出头之日。

青春加油站

许多成功者，他们都有一个共同的特点——开动脑筋，寻找方法。因为他们知道，在这个世界上，唯有方法，才是完美解决问题的敲门砖。逃避问题的投机取巧者无法成功，不去寻找方法的偷懒者更是永远没有出头之日。

只要思想不滑坡，方法总比困难多

　　某公司成立以来，事业可谓蒸蒸日上。但因受经济危机的影响，今年的利润却大幅滑落。董事长知道，这不能怪员工，因为大家为公司拼命的程度丝毫不比往年差，甚至可以说，由于人人意识到经济的不景气，干得比以前更卖力。这也就愈发加重了董事长心头的负担，因为马上要过年了，照惯例，年终奖金最少发3个月的工资，多的时候，甚至再加倍。今年可惨了，算来算去，顶多只能给一个月的工资做奖金。"这要是让多年来已被'惯坏了'的员工知道，士气真不知要怎样滑落"！董事长忧心忡忡地对总经理说。"许多员工都以为最少加两个月，恐怕飞机票、新家具都定好了，只等拿奖金出去度假或付账单呢"！总经理也愁眉苦脸了，"好像给孩子糖吃，每次都抓一大把，现在突然改成两颗，小孩儿一定会吵"。"对了"！董事长突然灵机一动，"你倒使我想起小时候到店里买糖，总喜欢找同一个店员，因为别的店员都先抓一大把拿去秤，再一颗一颗往外拿。那个比较可爱的店员则每次都抓不足重量，然后一颗一颗往上加。说实在

话，最后拿到的糖没什么差异，但我就是喜欢后者"。董事长已经有了主意。没过几天，公司突然传来小道消息——"由于营业不佳，年底要裁员，上层正在确定具体实施方案"。顿时人心惶惶了。每个人都在猜，会不会是自己。最基层的员工想："一定由下面杀起。"上面的主管则想："我的薪水最高，只怕从我开刀"！但是，不久之后，总经理就宣布："公司虽然艰苦，但大家乘同一条船，再怎么危险也不愿牺牲共患难的同事，只是年终奖金绝不可能发了"。

一听说不裁员，人人都放下心头的一块大石头，那不致卷铺盖的窃喜早胜过了没有年终奖金的失落。

眼看新年将至，人人都做了过个穷年的打算，取消了奢华的消费和昂贵的旅游计划。

突然，董事长召集各部门主管召开紧急会议。

看到主管们匆匆上楼，员工们面面相觑，心里都有点儿七上八下："难道又变了卦？"

没几分钟，主管们纷纷冲进自己的部门，兴奋地高喊着："有了！有了！还是有年终奖金，整整1个月，马上发下来，让大家过个好年！"

整个公司大楼爆发出一片欢呼，连坐在顶楼的董事长都感觉到了地板的震动。

青春加油站

只要肯动脑，方法总比困难多。

第八章

你和梦想之间，只差一个行动

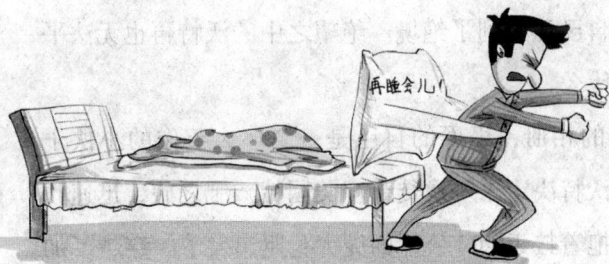

行动永远是第一位的

英国前首相本杰明·迪斯雷利曾指出，虽然行动不一定能带来令人满意的结果，但不采取行动就绝无满意的结果可言。

因此，如果你想取得成功，就必须先从行动开始。

天下最可悲的一句话就是："我当时真应该那么做，但我却没有那么做。"经常会听到有人说："如果我当年就开始做那笔生意，早就发财了！"一个好创意胎死腹中，真的会叫人叹息不已，永远不能忘怀。一个人被生活的困苦折磨久了，如果有了一个想要改变的梦想，那他已经走出了第一步，但是若想看见成功的大海，只走一步又有什么用呢？

曾目睹两位老友因车祸去世而患上抑郁症的美国男子沃特，在无休止的暴饮暴食后，体重迅速膨胀到了无法自抑的地步，直线逼近200公斤。当逛一次超市就足以让沃特气喘吁吁缓不过气时，沃特意识到自己已经到了绝境。绝望之中的沃特再也无法平静，他决定做点什么。

打开年轻时的相册，里面的自己是一个多么英俊的小伙子啊。深受刺激的沃特决定来一次徒步全美的减肥之旅，迅速收拾好行囊，沃特拖着接近200公斤的庞大身躯出发了。穿越了加利福尼亚的山脉，行走了新墨西哥的沙漠，踏过了都市乡村、旷野郊外……整整一年时间，沃特都在路上。他住廉价旅馆，或者就在路边野营。他曾数次遇到危险，一次在新墨西哥州，他险些被一条有剧毒的眼镜蛇咬伤，幸亏他及时开枪将它打死。至于小的伤痛简直就是家常便饭，但是他坚持走过了这一年，一年后，他步行到了纽约。

他的事情被媒体曝光后，深深触动了美国人的神经。这个徒步行走立志减肥的中年男子，被《华盛顿邮报》《纽约时报》等媒体誉为"美国英雄"，他的故事感动了美国。不计其数的美国人成为沃特的支持者，他们从四面八方赶来，为的就是能和这个胖男人一起走上一段路。每到一个地方，就会有沃特的支持者们在那里迎接他。

当他被美国一个知名电视节目请到现场时，全场掌声雷动，

为这个执着的男人欢呼。出版商邀请他写自传，电视台找他拍摄专辑……更不可思议的是，他的体重成功减掉50公斤，这是一个多么惊人的数字！

许多美国人都说，沃特的故事使他们深受激励，原来只要行动，生活就可以过得如此潇洒。沃特说这一切让他感到意外："人们都把我看作是一个美国英雄式的人物，但我只是一个普通人，现在我意识到，这是一次精神的旅行，而不仅仅是肉体。"他的个人网站"行走中的胖子"，吸引了无数访问者，很多慵懒的胖子开始质问自己："沃特可以，为什么我不可以？"

徒步行走这一年，沃特的生活发生了巨变。从一个行动迟缓的胖子到一个堪比"现代阿甘"的传奇式人物，沃特用了一年的时间，他的收获绝不仅仅是减肥成功这么简单。放弃舒适的固有生活，做一种人生的改变，人人都可以做到，但未必人人愿意行动。所以，沃特成功了。

你也是一样，只要付诸行动，没有什么不可以。勇敢行动起来，创造自己生命的奇迹吧！

青春
加油站

一个人的行为影响他的态度，行动能带来回馈和成就感，也能带来喜悦，通过潜心的工作能得到自我满足和快乐。如果你想寻找快乐，如果你想发挥潜能，如果你想获得成功，就必须积极行动，全力以赴。

消除犹豫不决的行动障碍

世界上有许多人没意识到自己的潜力，过分的谨慎阻碍了他们前进的脚步。他们知道自己能干得更好，但他们从没有努力争取过。同那些比他们成功的人相比，他们有同样的能力取得事业上的成功，但他们自觉不如，总是找很多的理由说服自己。他们看见了机遇，但不去抓住它们。他们看到老朋友成功了，就纳闷自己为什么不行。他们想拥有万贯家财，但就是不采取行动。

从很大程度上看，是由于他们的惰性和忧虑造成的。惰性指的是物体保持自身原有的运动状态的性质，不受外力作用就不会变化。惰性的原理也适用于人，也许就适用于你。要想在工作中取得成绩，必须得下大决心、花大力气。

在面对是否采取行动的问题上，特别是当这种行动涉及到冒险时，我们会发现自己容易犹豫不决、坐失良机。在这种情况下，有个声音总是在耳边说：不要轻易去尝试，不要轻易鲁莽行动，这里很可能有危险。

缺乏信心是人们常常犹豫不决的原因。我们能完全意识到我们的弱点，而怀疑就经常从这里产生。我们小心谨慎，宁愿推迟重大的决定，有时甚至无动于衷。

有一位幽默大师曾说："每天最大的困难是离开温暖的被窝，走到冰冷的房间。"他说得不错，当你躺在床上，认为起床是件不愉快的事时，它就真的变成一件困难的事了。

为了养成行动的好习惯，你可以遵照以下两点去做。

第一，用自动反应去完成简单的、烦人的杂务。

不要想它烦人的一面，什么都不想就直接投入，一眨眼就完成了。

大部分的家庭主妇都不喜欢洗碗，拿破仑·希尔的母亲也不例外。但她自己发明了一套做法来解决这个问题，以便有时间做她喜欢做的事。

她离开饭桌时，便带着空盘子，在她根本没想到洗碗这个工作时，就已经开始洗碗了，几分钟就可以洗好。这种做法不是比清洗一大堆放了很久的脏盘子更好吗？

现在就开始练习，先做一件你不喜欢的事，在还没想到它讨厌之前就赶快做，这是处理杂务最有效的方法。

第二，将这种方法推而广之。

把这种方法应用到"设计新构想""拟订新计划""解决新问题"，以及应用到需要仔细推敲的工作上。不能等精神来推动你去做，要推动你的精神去做。

这里有个技巧保证有效，用一支铅笔和白纸去写计划。铅笔是使你"全神贯注"的最好工具。潜能大师安东尼·罗宾认为，如果要从"布置豪华、设备完善的办公室"跟"铅笔与纸"中任选一项来提高工作效率的话，他宁肯选择铅笔与纸，因为用铅笔与纸可以把心思牢牢专注在一个问题上。

把你的想法写在纸上时，你的注意力就会集中在上面，你的潜能也会因此而被发掘出来。因为我们无法一心二用，何况你在纸上写东西时，也会同时将它写在心里。如果把相关的想法同时写出来，就可以记得更久，记得更准确，这是许多实验已经证实并得出的结论。

一旦养成这个习惯，你的思想就会促使你行动，你的行动就会引发新的行动。

青春加油站

行动能使人走向成功，这似乎是人尽皆知的道理，但当人们行动前，往往就会犹豫不决，畏葸不前。"语言的巨人，行动的矮子"不在少数。你总是在无意识地寻找各种维持现状的理由，其实是因为你没有决心，没有勇气。你根本不需要考虑这么多，只要付诸行动，一切的犹豫就会自行消散。

制订切实可行的计划

生物学家沃森在回顾自己的职业生涯时说:"我的助手有一个非常好的习惯,这也是我一直没有替换他的主要原因。他有一本形影不离的工作日记,每天早晨,他都会把前一天写好的工作计划再翻看一遍,而在一天的工作结束后,他要对这一天的工作进行总结,同时把第二天的计划再做出来。"

制订计划是一种很好的习惯,它能有效地引导我们的行动,使我们的生活变得井井有条起来。那么,我们又该如何制订切实可行的计划呢?

没有一个明确可行的工作计划,必然会浪费时间,要高效率地工作就更不可能了。试想,如果一个搞文字工作的人把资料乱放,就是找个材料都会花半天工夫,那么他的工作是没有效率可言的。工作的有序性,体现在对时间的支配上,首先要有明确的目的性,很多成功人士就指出,如果能把自己的工作任务清楚地写下来,便是很好地进行了自我管理,就会使得工作条理化,因而使得个人的能力得到很大的提高。

只有明确自己的工作是什么,才能认识自己工作的全貌,从全局着眼安排工作,防止每天陷于杂乱的事务之中。明确的办事

要么出众,要么出局

目标

目的将使你正确地掂量各个工作的不同侧重，弄清工作的主要目标，防止不分轻重缓急，耗费时间又办不好事情。

在制订工作计划的过程中，我们不仅要明确自己的工作是什么，还要明确每年、每季度、每月、每周、每日的工作及工作进程，有条理地工作。要为日常工作和下一步进行的项目编出目录，这不但是一种不可低估的时间节约措施，也是提醒我们记住某些事情的方法，可见，制订一个合理的工作日程是多么重要。

工作日程与计划不同，计划在于对工作的长期计算，而工作日程表是指怎样处理现在的问题。比如今天、明天的工作，就是逐日推进的计划。有许多人抱怨工作太多又太杂乱，实际是由于他们不善于制定日程表，无法安排好日常工作，有时候反而抓住没有意义的事情不放，从而被工作压得喘不过气来。

计划

菲尔德爵士指出："制订计划是为了达成计划，计划制订之后，就要付诸行动去实现它。如果不化计划为行动，那么所制订的计划就失去了意义。"

在这个世界上，想成功没有别的途径，只有行动才是达成计划的唯一途径。

计划制订好后，就不能有一丝一毫的犹豫，而要坚决地投入行动。观望、徘徊或者畏缩都会使你延误时间，以致使计划化为泡影。

很多人都有过这样的经历，刚订好计划时颇有磨刀霍霍的干劲，可是过了3个星期后就没劲了，更别说实现计划的自信。当你拟妥一项计划后，首要的步骤就是把它写在纸上，当你把计划写下来之后，随之而来最重要的一步就是立即让自己行动起来，向着实现计划的方向拿出具体的行动，可别一拖再拖。一个真正的决定必然是有行动的，并且还是立即行动。你要针对自己的计划采取积极的行动。先别管要行动到什么程度，最重要的是要行动起来，打一个电话或拟一份行动方案，只要在接下去的10天内每天都有持续的行动。当你能这么做时，这10天的行动必然会形成习惯，最终把你带向成功。

把计划转化为行动，可尝试按以下步骤进行：

1. 将没有开始行动的若干原因写下来

为什么我当时没有行动？是不是当时有什么困难？回答这些

要么出众，要么出局

问题有助于你认识未付诸行动的原因，乃是跟去做的痛苦有关，因此宁可拖延。如果你认为这跟痛苦无关的话，那么不妨再多想一想，或许是这个痛苦在你眼里微不足道，以至于你并不认为那是痛苦。

2.写出如果你不马上改变所造成的后果

如果你再不停止吃那么多甜食，那么会怎么样？如果你不停止抽烟，后果会如何？如果你不打应该打的电话会怎样？如果你不每天运动的话，对健康会有什么影响？2年、3年、4年及5年后会生出什么样的毛病？如果你不改变的话，在人际关系上得付出什么样的代价？在自我形象上会付出什么代价？在钱财上会付出什么样的代价？对这些问题你要怎么回答呢？找出能使你感到痛苦的答案，那么痛苦便会成为你的朋友，帮助你改掉许多坏习惯，以实现人生计划。

青春加油站

现代社会，节奏越来越快，要做的事越来越多，如何从纷繁复杂的大小事中确定你真正要做的事，冲破迷雾明确人生目标呢？你需要的是计划，短至日常工作计划，长至人生计划，由它们指引你在人生路上取得节节胜利。

抱怨失败不如用行动接近成功

一张地图，不论它多么详细，比例尺有多么精确，也不能带它的主人在地面上移动一寸。一本羊皮纸的法典，不论它有多么公正，也绝不能预防罪行。一个卷轴，绝不会赚一分钱或制造一个赚钱的字。只有行动，才是导火线，才能点燃地图、羊皮纸、卷轴的价值。行动，才是滋润成功的食物和水，因此我们必须铭记"行动"这个成功准则，绝不拖延和犹豫不决。

我们不逃避今天的责任，现在就采取行动吧，即使行动不会马上产生结果，但是，动而失败总比坐而待毙好。即使财富可能不是行动所摘下来的那个果子，但是，没有行动，任何果子都会烂掉。

一定要行动起来！当我们醒来，而失败者还要多睡一个小时的时候，我们要说这句话，接着从床上跳下来。

当我们走进市场，而失败者还在考虑是否会遭到拒绝的时候，我们要说这句话，并立刻面对我们第一个可能的顾客。

当我们遇到人家关着门，而失败者带着惧怕和惶恐的心情在门外徘徊的时候，我们要说这句话，并随即敲门。

当我们面临诱惑的时候，我们要说这句话，抄大路行动，远离诱惑。

要么出众，要么出局

当我们想停下来明天再做的时候，我们要说这句话，并立刻行动。

只有行动才能决定我们在市场上的价值，要想扩大我们的价值，就要加强我们的行动。

当失败者想休息的时候，我们要工作。

当失败者仍在沉默的时候，我们要说话。

当失败者说太迟的时候，我们要说已经做好了。

成功不会等待，也不会从地下冒出来，如果我们犹豫不决，它就会永远弃我们而去。

青春
加油站

　　只有行动才能决定我们在市场上的价值，要想扩大我们的价值，就要加强我们的行动。

凡事不要自我设限

几年前，李莉南下深圳求职，根据她的经验和能力，管理一个部门绝对没有问题。

李莉的一个朋友对通信行业比较熟悉，人缘也不错。于是，朋友给一家电信公司的张总工程师打了个招呼，然后让李莉和对方约定时间面试。李莉认为自己没有在大电信公司做过主管，怕面试无法通过，又担心做不好工作，会损了朋友的面子，只好"退而求其次"，想自己通过招聘渠道找工作。

李莉先给几家用人单位寄去简历，却石沉大海毫无消息。接着，李莉又去找人才市场和职业介绍所，也面试了几家用人单位，但结果往往是"高不成低不就"。

时间一晃一个月过去了，李莉也急了。最后，李莉决定打电话给张总工程师。秘书接过电话问道："请问您找哪一位？"

李莉回答说："请找张总。"

秘书说："对不起，张总正在开会，可以请您留下口信吗？"李莉觉得彼此不熟，又不好意思留口信，只好挂了电话。

朋友看在眼里，急在心里，给李莉讲了一个"跳蚤的故事"。

有人曾经做过这样一个实验：他往一个玻璃杯里放了一只

跳蚤，发现跳蚤立即轻易地跳了出来。再重复几遍，结果还是一样。根据测试，跳蚤跳的高度一般可达它身体的 400 倍左右。

接下来实验者再次把这只跳蚤放进杯子里，不过这次在杯子上加一个玻璃盖，"嘭"的一声，跳蚤重重地撞在玻璃盖上。跳蚤十分困惑，但是它不会停下来，因为跳蚤的生活方式就是"跳"。一次次被撞，跳蚤变得聪明起来了，它根据盖子的高度来

调整自己跳的高度。过了一阵，这只跳蚤再也没有撞击到这个盖子，而是在盖子下面自由地跳动。

一天后，实验者把这个盖子轻轻拿掉了，它还是在原来的高度继续地跳。3 天以后，他发现这只跳蚤还在那里跳。

一周以后发现，这只可怜的跳蚤还在这个玻璃杯里不停地跳着，它已经无法跳出这个玻璃杯了。

让这只跳蚤再次跳出这个玻璃杯的方法十分简单，只需拿一根小棒子突然重重地敲一下杯子；或者拿一盏酒精灯在杯底加热，当跳蚤热得受不了的时候，它就会嘭地一下，跳出来……

李莉很快就领悟到其中的意思，默然半晌，没有作声。

第二天一早，李莉就给张总打电话，又是秘书接的电话，这次很快接通电话……面试很顺利，李莉顺利地成了部门主管。

现在，李莉已成为该公司的资深主管，上司正准备提拔她为副总经理。张总工程师现在也已经成为总经理。张总多次对李莉的朋友说："真该好好感谢你啊，要不我上哪儿去找这么好的得力助手？"

在上面的故事里，跳蚤真的不能跳出这个杯子吗？绝对不是。而是因为，它的心里面已经默认了这个杯子的高度是自己无法逾越的。这种现象被称为"自我设限"。

在生活中，是否有许多人像这只跳蚤一样，不断自我设限呢？年轻时雄心万丈，意气风发，一旦遭遇挫折，便开始怀疑自己的能力，抱怨上天不公。慢慢地，他们不是想方设法去追求成功，而是一再地降低成功的标准。他们已经在挫折和困难面前屈服了，或者已习惯了。他们因为害怕去追求成功，而甘愿忍受糟糕的生活。他们害怕失败和挫折，在他们眼里，一切都是那么困难。他们常常暗示自己：成功是不可能的，这是没有办法做到的。"自我设限"的人是无法取得成功的。

所以，要塑造一个全新的自我，就要打破这种"心理高度"，停止自我设限。

青春
加油站 | 失败常常不是因为我们不具备成功的实力，而是在心中为自己设了限。

把握现在，就能改变一切

伟大的心理学家威廉·詹姆斯说："以行动播种，收获的是习惯；以习惯播种，收获的是个性；以个性播种，收获的是命运。"既然如此，想要改变自己的命运和生活，你就要从最基本的行动做起，养成马上去做的习惯，从而改变个性，获得成功。

一个美国人到墨西哥旅游，一天黄昏时，他在海滩上漫步，忽然看见远处有一个人在忙碌地做着什么。走近些时，他看清楚了，原来有个印第安人在不停地拾起由潮水冲到沙滩上的鱼，用力地把它们扔回大海去。

美国人于是奇怪地问这个印第安人："朋友，你在干什么呢？"

那人说："我在把这些鱼扔回海里。你看，现在退潮了，海滩上这些鱼全是给潮水冲到岸上来的，很快这些鱼便会因缺氧而死掉！"

"我明白了。不过这海滩有数不尽的鱼，你能把它们全部送回大海吗？你可知道你所做的作用不大啊！"

那位印第安人微笑着，继续拾起另一条鱼，一边拾，一边说："但起码我改变了这条鱼的命运啊！"

美国人恍然大悟，慢慢陷入了沉思！的确，虽然有很多美好的事情我们不能去实现，但是如果把握现在，就能改变一切！

向前看，好像时间很漫长；但回首，才知生命如此短暂！过去不能重新找回，将来还遥遥无期，唯一能把握、能利用的，只有现在了！这是我们必须明白的人生道理。

每个人都希望梦想成真，成功却似乎远在天边遥不可及，倦怠和不自信让我们怀疑自己的能力。其实，我们不用想以后的事，只要把握现在，开始行动，成功的喜悦就会慢慢浸润我们的生命。

霍勒斯·格里利说过："做事的方法就是马上开始。过去的已成历史，未来还遥不可及，我们能把握的只有现在。"什么事情一旦拖延，就不会做成，而你一旦开始行动，事情就有了转变。凡事及时行动就等于成功了一半。

著名作家茅盾说过："过去的，让它过去，永远不要回顾；未来的，等来了再说，不要空想；我们只抓住了现在，用我们现在的理解，做我们所应该做的。"那么，要想人生没有遗憾，成就你的卓越人生，那就从现在起，朝着你的目标，开始行动吧！

青春
加油站

在时间的大钟上，只有两个字——现在。如果你希望掌握永恒，那你必须控制现在。

要么出众，要么出局

将来的你，一定会感谢现在拼命的自己。